好书精读 Master 15'

商业新闻出版公司和轻松读文化事业有限公司提供内容支持

事业计划书

让你站稳第一步

轻松读大师项目部　编

中国言文出版社

图书在版编目（CIP）数据

事业计划书让你站稳第一步：大字版 / 轻松读大师项目部编. —北京：中国盲文出版社，2017.3

ISBN 978-7-5002-7795-8

Ⅰ.①事…　Ⅱ.①轻…　Ⅲ.①成功心理—通俗读物
Ⅳ.①B848.4-49

中国版本图书馆 CIP 数据核字（2017）第 062472 号

本书由轻松读文化事业有限公司授权出版

事业计划书让你站稳第一步

编　　者：轻松读大师项目部
出版发行：中国盲文出版社
社　　址：北京市西城区太平街甲 6 号
邮政编码：100050
印　　刷：北京新华印刷有限公司
经　　销：新华书店
开　　本：787×1092　1/16
字　　数：90 千字
印　　张：13.75
版　　次：2017 年 3 月第 1 版　2017 年 3 月第 1 次印刷
书　　号：ISBN 978-7-5002-7795-8/B·328
定　　价：46.00 元
销售服务热线：（010）83190297　83190289　83190292

出版前言

数字文明为我们求知问道、拓展格局带来空前便利，同时也使我们深受信息过剩、知识爆炸的困扰。面对海量信息，闭目塞听、望洋兴叹固非良策，不分主次、照单全收更无可能。时代快速变化，竞争不断升级，要想克服本领恐慌，防止无知而盲、少知而迷，需尽可能将主流社会的最新智力成果内化于心、外化于行，如此才能更好地顺应时代，提高成功概率。为使读者精准快速地把握分散在万千书卷中的新理念、新策略、新创意、新方法，我们组织编写了这套《好书精读丛书》。

这套书旨在帮助读者提高阅读质量和效率。我们依托海内外相关知识服务机构十多年的持续积累，博观约取，从经济管理、创业创新、投资理财、营销创意、人际沟通、名企分析等方面选取数百种与时俱进又经世致用的好书分类整合，凝练出版。它们或传播现代经管新知，或讲授实用营销技巧，或聚焦创新创业，或分析成功者要素组合，真知云集，灼见荟萃。期待这些凝聚着当代经济社会管理创新创意亮点的好书，能为提升您的学识见解和能力建设提供优质有效便捷的阅读资源。

聚焦对最新知识的深度加工和闪光点提炼是这套书的突出特点。每本书集中解读4种主题相关的代表性好书，以“要点整理”“5分钟摘要”“主题看板”“关键词解读”“轻松读大师”等栏目精炼呈现各书核心观点，崇真尚实，化繁为简，您可利用各种碎片化时间在赏心悦目中取其精髓。常读常新，明辨笃行，您一定会悟得更深更透，做得更好更快。

好书不厌百回读，熟读深思子自知。作为精准知识服务的一次尝试，我们期待能帮您开启高效率的阅读。让我们一起成长和超越！

目 录

经过深思熟虑、内容简单易懂的事业计划书可以把你对公司未来愿景的想法和做法勾勒出清晰的蓝图，并简明扼要地回答下列5个具体的问题：愿景、使命、目标、策略和计划。一页事业计划书能够一针见血地说明公司要朝哪个方向发展，并使你与公司员工、合作伙伴、供应商，甚至客户开展有效的沟通，让人人都能轻松懂得你的想法。

事业计划书不仅有助于创业者认清自己的新事业构想，同时也是创业者募资的“敲门砖”。严谨、专业的事业计划书可以当作企业发展的蓝图。它清楚地交代了企业的目标，详细说明了企业的发展方向以及达成目标的方式，是企业在未来成长与发展的指南。写事业计划书有两大好处，即了解现状和想象未来。

初入职场的员工有3个月，共12周的时间可以打稳根基，让老板相信你就是他要找的人。在此期间，每周都要全心做好一项功课，破解组织文化、建立人际关系，使自己获得绩效高手的地位。新进员工要开创出最美好的前程，做到菜鸟变明星，就必须练就下列5大技能：设定目标、管理时间、管理知识、融入团队和营造形象。

轮栓人才是企业组织中的关键人物，因为轮栓人才具有充分的创造力、领导力和执行力，并且会关心同事。他们不受限于既有资源，勇于改变现状，因此独一无二、不可取代。轮栓人才未必要在组织中担任要职，因为他们在任何一项工作中都能发挥影响力，只要努力经营自己，成为轮栓人才，就能突显出最不可替代的价值。

事业计划书一页搞定

The One Page Business Plan

Star with a Vision, Build a Company!

原著作者简介

吉姆·霍兰(Jim Horan),“一页事业计划书”企业管理顾问公司创办人兼总裁。在1990年创办公司前,曾担任某家《财富》500强企业的高级财务主管达20多年。霍兰开发的“一页规划暨操作系统”获得数千家企业采用,协助这些企业大幅改善业务规划流程。

本文编译:阎蕙群

主要内容

5分钟摘要

一页事业计划书

事业计划书不必以长取胜，其实只要区区一页就足以把你对公司未来愿景的想法和做法与所有人沟通清楚。准备事业计划书最重要的一件事就是清楚说明你的想法，这样公司员工、合作伙伴、供应商，甚至客户都会想与你合作，而不会与你对抗。

一份好的事业计划书是在经过深思熟虑后形成的，能简明扼要地回答下列5项具体问题：

1. 愿景 → 你想建立什么样的公司?
2. 使命 → 顾客为什么购买公司的产品或服务?
3. 目标 → 打算用什么标准来衡量公司的成败?
4. 策略 → 如何推动公司业务?
5. 计划 → 公司势必完成哪些工作?

那些打算花费半年时间精心雕琢一份长篇大论事业计划书的人多半认为，把浩瀚的事业计划书浓缩在一张纸上是不可能的梦想。但老实说，传统的事业计划书其实很少派上用场，长篇累牍的计划书唯一的作用只是让人对当事者花相当多的心思和工夫留下深刻印象后，却看不到这样的计划书对日常运营有什么实际帮助。相反，一页事业计划书一针见血地说明公司要朝哪个方向发展，不管是银行家、董事会、有意合作的伙伴，或者有可能受雇于你的员工，人人都能轻松懂得你的想法。

简言之，一页事业计划书能够行得通是基于以下几点原因：

◎ 把复杂的主题（事业计划）及其后续将如何发展用简单的方式让大家了解。

◎ 只关注真正重要的事项，不谈事业计划书描述的愿景有多伟大。

◎ 内容简单易懂。

◎ 可以适应各种需要。不但可以通过事业计划书与员工沟通，还可以用来游说银行家与投资家投资。

◎ 说法一致，读到这份事业计划书的每个人都能获得相同的信息。

◎ 内容很有弹性，所以能够随时更新，让他人知道自己最新的想法，大家不会在上面看到你 6 个月前的念头。

◎ 随时能够增加内容，比如加进预算书或者其他参考资料。

◎ 用词浅显易懂，不采用会计师或商业专家才看得懂的专业术语。

◎ 着重追求实现结果，不把大把时间浪费在规划作业上。

◎ 能够即时强调、观察及追踪每一项重要目标，不致产生重大延误。

◎ 能够当作绝佳管理训练教材。

◎ 让公司的每一位成员都清楚公司的现状，不必臆测任何项目的情况。

◎ 让每个人手中都握有一份地图，知道该如何为公司效力，增加公司的价值。

一　愿景宣言

好的企业愿景宣言能够清楚说明你的经营理念，并激起大家的热情。好的企业愿景宣言是宏观的，充满伟大的理想，让大家看得见各种可能性，而且以令人印象深刻的方式来描绘你的梦想。

一页事业计划书中的企业愿景并不想引导阅读者动脑筋去分析思考，在这个部分你应该具体描绘你的雄心壮志，想要建立什么样的企业。所以这部分的描述必须充满热情，让每个人读后都热血沸腾，因为你的梦想有无限可能而受到鼓舞、启发。

好的愿景宣言必须具备下列7项特点：

（1）气度恢宏、有理想——只讨论“可以成为什么”，而不拘泥于精确的数据或证据。

(2) 内容引人入胜——计划书会调动阅读者的情绪，让人感同身受。

(3) 像一幅栩栩如生的图画，充满活泼生动的想象。

(4) 能扩大你的事业空间。

(5) 把你对公司的热情和投入传达出去。

(6) 能用激发热情的方式邀请阅读者一起思考种种可能性。

(7) 不是一成不变——随着时间推移，经营概念变得更加明确，或者未来的愿景扩大时，计划书也会相应改变。

以下是令人印象深刻的愿景宣言范例：

(1) 我们要使“巅峰电子公司”变成西岸顶尖的工业过程控制公司，为了达到这个目标，我们必须在今后5年内扩大现有的制造业务，提供附加值更高的工程顾问服务、作业现场服务及整体工程顾问服务，让营业收入提高到2000万美元。

（2）在今后3年内，我们要让“治疗药草公司”成为一家专门制造和营销高级整形外科非处方用药的公司，供应各类治疗师的用药，年营业额达到500万美元。

（3）在未来3年内，“苏黎世观景窗公司”要成为一家年营业额5000万美元的家庭用品公司，专门制造、销售观景窗和天窗。

（4）总部设在洛杉矶的“地球科技”将发展成为全球知名的企业，因为我们：

◎承诺要与大家分享地球资源。

◎提供多种创新产品。

◎采取富有教育意义且内容丰富的营销计划。

◎顾客导向，服务亲切。

“地球科技”将植根于本地区：我们充满艺术气息的办公室广受顾客好评，旗下积极主动的员工将为顾客提供极优质的服务，整个洛杉矶地区都是我们的服务范围。我们将不断提供能够展现大自然丰富多样之美的优质产品。

如何拟订愿景宣言：

（1）拿出一张白纸，并写下以下各项问题的答案：

◎ 你希望公司或组织以什么著称？你在组织中适合担任什么角色？

◎ 公司的业务和顾客在哪里？

◎ 你想要吸引哪种类型的顾客、策略伙伴、顾问与合作对象？

◎ 如果你想新创立一家公司，你打算何时成立？

◎ 你为什么要成立或扩展这项事业？你与其他公司的主要差异在哪里？

◎ 公司要如何筹措资金？

◎ 你打算将来如何与员工、顾客、供应商及合伙人互动？

◎ 你对于即将投入的这个行业抱有什么样的信念？这些信念又会对你的业务产生什么

影响?

◎ 针对下列事项，各举出3项主要特点：

- 公司的产品或服务。
- 最理想的潜在顾客或客户。
- 你想从事的业务类型。

（2）试着草拟一份愿景宣言：在下面这段宣言的空格处填上自己的想法。

“在未来________年内，____________公司将要成长为一家地方性／区域性／全国性／国际性的企业，年营业额要达到________美元，我们的____________产品是专门提供给____________使用的。”

（3）接下来，用你自己的话把上面那份愿景草稿重新誊写一遍，并把步骤1所写下的想法和概念融入这份草稿中。

（4）现在请你抛开所有的束缚，痛痛快快写下一份热情洋溢的愿景宣言。

（5）把写好的草稿拿给自己向来敬重的人过

目，请他们指正，花几天时间思考他们的建议，然后试着把他们的意见纳入你的愿景宣言。

（6）继续用自己的语言及风格重新改写愿景宣言，直到内容完全符合你真正的想法为止。

关键思维

我们拟订事业计划书最重要的原因是，不管公司的规模大小，你都必须厘清自己的想法。

——吉姆·霍兰

制作事业计划书往往会显露出计划人专业能力最好及最坏的一面，因为计划的过程会激发所有人以创意分析思考、解决问题、进行沟通、跨部门分享意见及团队合作；相对地，计划的过程也会产生拖延、挫折、意见相左，甚至令人愤怒的情绪。这并不是一个平和的过程，可是一旦完成事业计划书的设计与撰写，这个过程会变得很有价值，也让人觉得有成就感。

——吉姆·霍兰

二 使命宣言

以简短醒目的用语说明公司使命，同时直接说明为什么顾客愿意花钱购买你们的产品或服务。这正是公司对顾客与所有利害关系人所做的承诺。

好的使命宣言可以充分阐明公司的志向和目标，即想要为自己和顾客做些什么。成功的企业多半能够兼顾公司与顾客的需求，除非能让这两者取得微妙的平衡，否则很难留住足够的顾客，并维持长期运营。

阐述使命宣言时，应注意下列 4 件事：

（1）非关金钱——重点在公司要提供什么给顾客。

（2）能够反映企业主的热情与承诺——当企业遭遇暂时挫折时，这样才会有继续奋战的力量。

（3）简明扼要——阅读计划书的人才能够立刻了解宣言的重点。设计良好的使命宣言能够直指问题核心，不堆砌辞藻，让别人抓不到重点。

（4）向大家说明公司能够成功的理由。

以下是几个不错的参考范例：

◎ 我们是一家视听艺术公司，能够帮助人们把创意展现在大银幕上！

◎ 本公司聘请了一流人才帮助贵公司打造成功事业。

◎ 通过我们公司充满创意的窗户设计，把阳光、空气和大自然的优美景致带到各位的家中。

◎ 本公司提供专业的创业工具，让创业变得简单。

◎ 北岸创业家协会的宗旨是提供会员网络联系、支援，以及联系工具和资源，协助培育新创事业及成功的企业领袖，以便对更广大的社区发挥正面影响。

◎ AFL 的使命是帮助大家做好财务安全规划。我们提供妥善的财务规划，即使在亡故、生病、失能或者亲密伙伴离世时，仍能让客户感到安心。此外，AFL 也提供退休后的长期财务资源。

◎ 本公司矢志以诚信和保密为前提为顾客拟订合同。

◎ 本公司为不断成长的企业提供办公设备“一次购足”的采购服务，以及专业顾问和事业规划服务。

◎ UPS 提供快捷服务。

◎ 本公司把日式风味送到您家。

◎ 只需一小时，“眼镜大师”就能帮您看得更清楚。

◎ 本公司能使您有个精力充沛的早晨，并尽情享受生活。

要如何拟订好的“使命宣言”，可参考下列做法：

（1）把下列各项问题的答案写在白纸上：

◎ 公司究竟能够提供什么产品或服务？

◎ 公司与竞争对手的差别在哪里？

◎ 公司属意的理想顾客具有哪些特质？

◎ 顾客能从公司的产品或服务中获得什么价值？

◎ 公司能够为顾客提供哪些独家利益？

◎ 从事这一行业想要满足个人哪些理念？

◎ 公司最大的优点是什么？

◎ 哪些价值观驱动公司成长？

（2）从顾客的角度出发，举出1～6项能够描述公司存在的理由，草拟一份“使命宣言”。

（3）重新检阅宣言草稿，参考步骤1的想法重新改写。

（4）与自己向来敬重的人讨论宣言草稿，参考他们的意见，拟订内容更充实的宣言。

（5）花几天时间反复思考使命宣言草稿，看看是否掌握了公司的精髓或者可不可以再精简一点。尝试使用不同的词语加以说明。

关键思维

现在大家倾向于以简洁有力的字眼表达使命宣言，有时候只要几个字就能够精确地把公司使命交代清楚。比如耐克运动鞋的“去做，就对了!”联邦快递的“全球准时送达!”这些都一针见血地表达了企业的使命。

——吉姆·霍兰

写作很花时间，要比说话更费时。文字的表达必须加入某种程度的巧妙思考，写作时不能像讲话一般杂乱随性，要字斟句酌，如此文字才能经得起再三阅读，必要时更要审慎地修改。

——托马斯·莫尔，爱尔兰诗人

三　目标

目标说明公司明确设定要达成哪些目的，同时指出在达成公司目的的过程中，你会采用什么标准衡量公司的表现。你设定的目标必须明确、具体、重要，且排定优先顺序；简言之，只要你能够达成这些目标，公司必能获得成功。

企业愿景表达的是企业主的理想，使命宣言意在唤起大家的注意，一页事业计划书上的目标则是企业最务实的做法。在撰写目标时，要明确指出你会如何运用资源创造有重大意义的结果。根据一般经验法则，大多数事业计划书多半会有8～9个目标，包括：

◎ 1个营业收入目标。

◎ 1个获利目标。

◎ 2～3个营销目标。

◎ 4 或 5 个运营目标（如制造、人事等）。

好的目标应具备以下 8 项特性：

（1）具体明确。

（2）可以测量，也能量化——这样才能定期追踪进度及评估效益。

（3）是评判企业可靠程度的工具——公司可以指派和组织特定人员负责这项工作。

（4）能够说明要如何达成目标。

（5）设定明确——好的目标能清楚记录负责人的姓名和细节，不会因为语意不清让人产生误解。

（6）可以指出达成目标的时间——这样才不会让人产生错误期待。

（7）在叙述中设定明确、可以测量的目标——这么做的话，组织里的成员才能达成共识、步调一致。

（8）与企业愿景和使命协调一致——换句话说，目标达成时，也是公司愿景和使命达成之日。

下列参考范例是某家运动服饰公司预计在2005年要达成的企业目标：

◎ 把营业额提升为550万、2006年为700万、2007年达900万。

◎ 税前盈利达到48万，且今后数年营业额每年增长10%。

◎ 推出10项新产品，并且创造75万以上的营业额。

◎ 至少要增加7个新的零售商，扩大公司分销渠道。

◎ 确保能与NBA和NFL（国家美式橄榄球大联盟）签订新的授权合同，创造50万元以上的营业额。

◎ 从第一季开始，努力降低公司运输成本，由现行营业额的5%降低至3%以下。

◎ 大幅提高存货比例，使其保持在最低限度，因此让可用存货的使用率维持在93%的水平即可。

◎ 把加班时数减少到总生产时数的 3%以下。

◎ 准时送货率至少应达 98%，订单正确度应达 98%以上。

想要为事业计划书设定好的目标，就必须采取以下 5 项步骤：

（1）把希望在未来一年能够达成的 3 项主要目标写在白纸上。

（2）接下来，想想过去有哪些成功或错误的想法，未来要如何应用这些元素？并写下未来的成功要素，要越详细越好。

（3）现在把自己想要达成的目标一项一项明确地写下来。

◎ 财务方面（营业额、获利、现金流量、存货、负债）。

◎ 营销（销售单位、营业收入、顾客人数）。

◎ 运营（员工人数、服务时间、送货时间）。

◎ 人力资源（人员流动率、训练、加班、工作态度）。

◎ 研发（完成项目、降低成本、生产力）。

◎ 制造（产能、品质、效率、停机时间）。

◎ 人事（工作时数、实得薪资、个人成长）。

◎ 其他（奖赏、股利、社区关系）。

（4）利用步骤 1、2 和 3 得到的要素，制订一份包含 6 大主要目标的计划，仔细审视后，接下来的做法是：

◎ 说明需要哪种活动支援。

◎ 订出届时该获得的成果。

◎ 具体说明每项成果对财务会造成什么影响。

（5）重新改写目标，看看还有哪些方法可以让目标更简明扼要，几天后再回头检视这些目标是否仍然切实可行。不断改写目标，直到自己满意为止。

关键思维

全美知名的励志演讲家齐格·金克拉曾指出，任何人若想达成重要目标，必须先成为一个“有所企图的人”。“有所企图的人”知道如何以清楚具体的词汇设定想达成的目标，而且会定出达成目标的时间表，帮助自己达成目标。那些只有模糊想法、没有明确时间表的人是绝对无法达成目标的，金克拉把这种人称为“闲散度日的平凡人”。

——吉姆·霍兰

制订明确的目标是为了帮助我们采取有意义的行动。

——吉姆·霍兰

企业主需要找出一种方法，让它能够测试自己的想法是否会让自己的资金和事业卷入高度风险。我们不可能把不断浮现的想法全都制作成操作模型或样本，因为这样既浪费金钱又毫无生产力。大多数人会征询自己信任的同事、朋友、顾问或亲戚的意见，只是口头沟通往往不够精准，唯有诉诸文字才能以明确且前后一致的方式和别人分享我们的想法。就效果来说，事业计划书其实就是我们的模型工具，能够为我们的想法提供纲要、愿景，以及前进的地图。

——吉姆·霍兰

四　策略

策略设定了公司经营的方向及价值观，同时能够划定界线，帮助公司保持在正确的轨道上运行。如果你能为公司制订扎实稳当的经营策略，面对重大决策时自然比较清楚该怎么抉择，因为你早已了然于胸。

每个行业大概都会有 4～6 种大家普遍采用的“标准做法”。如果你留意产业里的龙头老大是怎么做的，就会发现他的做法可以当作相当不错的指标，帮助自己决定该如何把握赚钱的机会。

举例来说，21 世纪（截至目前为止）的主要商业策略包括下列 6 种：

（1）价格无法决定一切——有很多顾客愿意付出较高的价钱，以换取更优质的产品或服务。

（2）吸引最有能力的人才——并且让每个人都能分享成果。

（3）心动就要马上行动——否则竞争对手会先你一步进入市场。

（4）适当的产品加上优异的执行力胜过搭配执行力差的顶尖产品。

（5）让大家看到你投入多少时间及专业能力的表现——让自己成为任何一个愿意接纳你的团体中的一项资源。

（6）别单打独斗——只做自己最擅长的部分，其他的则全部外包。

策略其实是各个行业的常识，只要随便翻翻任何商业专刊，就能马上获知某个行业的主要策略。观察产业领袖的一言一行，则能探知深层的策略。实行多年、根基深厚的策略，能够一直沿用到产业出现重大突破为止，因为此后产业会朝向不同方向发展，不过这种突破并不常见。

策略要处理的是那些会对公司内、外部造成

影响的情况。外部策略着重于公司成长的机会，或是消除外在环境产生的威胁；内部策略则着重于协调公司文化、产能、效率及获利各方面的优势或弱点。

有效的“策略宣言”不仅要专注于自己的产业，也要兼顾其他层面。以一家出版社为例，可以制订如下策略：

◎ 一开始不断推出作品，等建立信誉后，再找一家全国性出版公司合作。

◎ 想办法把一些企业管理顾问实务包装成可以出售的产品或节目。

◎ 利用自身已有的人脉找到演讲或出书的机会，提升知名度。

◎ 通过企业董事长与知名作家或企业管理顾问的推荐，建立公司品牌和知名度。

◎ 用聪明、理性的方式与他人合作，目的在于追求好的结果。

◎ 准备好一套转型策略，在 5～7 年后把公司卖给大型出版商或商业训练公司。

请依据以下步骤尝试拟订公司策略：

（1）做些基础研究，看看这一行：

◎ 有哪些机会？

◎ 如何利用这些机会赚钱？

◎ 有哪些明显的威胁？

◎ 如何把这些威胁降到最低或令其转向？

◎ 目前这一行最热门的议题是什么？

（2）接下来，想想公司目前拥有的顾客：

◎ 是否具有哪些共同特质？

◎ 目前向他们推销的最佳方法是什么？

◎ 未来用哪种推销方法可能最有效？

◎ 要用什么促销方法吸引更多顾客上门？

（3）现在想想公司正在做的事：

◎ 目前最有效的做法是什么？

◎ 如何改善？

◎ 目前遭遇的最大困难是什么？

◎ 要如何解决这些难题，然后继续前进？

（4）请选出限制公司成长、获利或效益的 3 项主要因素，并一一列在纸上，接着写下：

◎ 造成每个问题的根本原因。

◎ 需要有什么改变？

◎ 未来要如何评估成果？

（5）把步骤 1～4 的所有素材集合起来，列出所有会帮助或限制自己事业成功的因素，也要相对地列出预期在未来可能会出现的成功或限制因素。

（6）最后，大致选出打造事业最重要的 5 个领域，并为每一个领域制订一套简要的策略，内容应包含下列几个部分：

◎ 如何建立及管理这个领域。

◎ 如何发现不断出现的机会。

◎ 如何处理重大问题。

（7）花几天时间反复思考这份草稿，然后重新改写你的策略。试着用更精简的文字描述你的策略，让它们更具体明确，并不断润饰草稿直到自己满意为止。

关键思维

我们可以视策略为“产业的标准做法”，每个行业都有领导者、跟随者，也有作风迥异的人，这些人各自有套提高市场占有率的做法，你不妨仔细留意一下产业龙头是怎么做的，说不定就可以汲取宝贵的教训。错失一个重要的教训很可能让事业一败涂地。

——吉姆·霍兰

五　计划

计划是指为了达成目标所应该采取的行动。如果有任何事值得我们全力以赴，就必须整合公司的策略、目标与计划，使其发挥一致的效益。

计划是指项目中必须完成的事项。商业界里几乎人人都有一张待办事项的清单，所以在一页事业计划书中的“计划”这个部分，就应该能帮你排出这些待办事项的优先顺序，把真正能够帮助公司成长的事情优先做完。

因此，好的计划应该能做到以下5件事：

（1）直接对应到某项目标与经营策略。

（2）具有行动导向——要有完成的期限，清楚地界定由谁负责完成等。

（3）正确反映出需要投入的时间和成本，而且还要正确反映出可能的结果，以及衡量成效的最佳方法。

（4）确保自己在取得完成每个项目所需资源前，不会贸然采取行动。

（5）所有活动都是为了公司——不要提出一些听起来不错，但对增加企业价值没什么助益的空泛议题。

请参考下列一些内容不错的“计划”：

◎ 在 6 月 15 日以前提出新的“无虫生活”宣传造势活动。

◎ 在 3 月 30 日以前聘用培训首批 25 名新进技师，然后在 11 月 30 日以前再增聘培训第二批人员。

◎ 6 月参加伦敦商展、8 月参加东京商展、11 月参加纽约商展。

◎ 约翰·史密斯负责在 2 月底以前完成补助申请书，并向基金委员会提出申请。

◎ 提升第三季度“报税准备研讨会”销售手册的设计，并由亨利·史密斯负责领导此项目小组。

◎ 在 8 月 1 日以前搜集 20 则著名顾客的成功故事，然后在 9 月 1 日以前把这些故事汇集到新的公关计划中，以赶在 10 月 1 日新产品上市时同步推出。

◎ 在 12 月底前完成新的网上员工训练模组，以便能在明年第一季度时推出。

◎ 在 5 月 15 日以前聘请新的执行总监。

◎ 在 6 月和 12 月为公司主要客户主持两场研讨会。

◎ 在 10 月 15 日以前搬到位于丹尼丁的新制造厂，约翰·琼斯负责领导这一项目小组。

◎ 在 6 月底以前推出新的护肤产品，琼斯为项目小组召集人兼经理。

◎ 在 4 月底前聘请新业务人员，让所有新进人员在年底前集中火力销售“分时共享”不动产，指派朗·史密斯为项目小组召集人兼培训协调总监。(编者注：“分时共享”不动产，是借用国际旅游业的“分时共享”概念，这里是指不动产持有人与其他持有人共享使用权，没有所有权）。

◎ 在7月底前安装及执行新的MRP套装软件；利用新软件在11月底前将存货大幅降为百天；麦克唐纳担任项目小组负责人。

请根据以下步骤制作一份好的计划：

（1）为每项策略或目标制订一个会大幅改变公司的项目，然后针对每个项目回答下列3项问题：

◎ 完成项目后会产生什么冲击？

◎ 我们要如何衡量达成了哪些成果？

◎ 这个项目接下来要进行的3个步骤是什么？

（2）把可行的项目清单整体看一遍，然后选出其中影响最大的五六个，把它们写下来，并说明每个项目预定的完工日期，以及负责人的名字。

（3）接下来把这五六个计划重新改写为意思比较准确的句子或词汇。

（4）花几天时间仔细思考这些项目，然后再回头审视每个项目，确定你真的选出了最重要的五六个，然后重新改写并润饰草稿，直到满意为止。

关键思维

选定要走的道路也就选定了最终的目的地，因为结局是由手段决定的。

——哈里·埃默森·福斯迪克

美国思想家

有用的计划会带动决策与行动，并让每个人朝着相同的目标努力。能够帮忙落实计划的决策和行动是积极、正面的，有助于企业成功；朝着不同方向前进的决策和行动会大幅降低企业成功的可能性。制订计划为的是要把大家的行动和决策集中起来，以获得我们想要的结果。

——吉姆·霍兰

一页事业计划书可以归纳为：焦点→行动→结果。计划能提供焦点，我们依照计划中的行动指引来落实计划，只要采取计划中预定的行动，就能得到结果。只要心中有所疑虑，就动手尝试，然后选定一条最佳的行动路线继续前进。

——吉姆·霍兰

商业是复杂的，资源是有限的，时间则是关键。企业主不可能什么都懂，也不可能事必躬亲，因此必须有更多人力投入。然而这些投入，不论是“人才”还是“钱财”，都必须拥有一页白纸黑字的事业计划书，这是一定要做到的。

——吉姆·霍兰

样　本

1. 专业商用装潢系统公司 2004 年事业计划书

1. 愿景宣言

把“专业商用装潢系统公司”打造成一家非常成功的商用家具公司，以卓越的服务为有 10～15 名员工的企业提供价格实惠的办公家具及其他商用系统。

2. 使命宣言

为日渐茁壮成长、发展壮大的企业提供一个采购办公家具及其他商用设备的好供应商，因为我们是一家经验丰富的专业家具公司，非常了解如何制造可任意组合，又价廉物美的实用办公家具。

3. 目标

◎ 2005 会计年度营业额达 50 万美元，且税后盈余达 10 万美元。

◎ 把毛利率由28%提高至35%。

◎ 提高平均订购金额，50%的订单订购金额超过1万美元，20%的订单订购金额超过2.5万美元。

◎ 一年内为客户举办15场以上的“工作室效率”研讨会。

◎ 把每个人每星期的工作时数限制在40小时以下；2月份增聘一名助理协助公司达成此目标。

4. 策略

◎ 以优异的服务博得顾客好评；努力让公司成为办公家具及系统业界首屈一指的公司。

◎ 以芝加哥地区成长中企业为主要服务对象。

◎ 针对芝加哥地区的金融机构、保险公司和电脑公司进行特定的营销计划。

◎ 尽量降低间接费用，以保持现有价格竞争优势。

◎ 通过产品目录或其他直销方式销售产品，不要花钱租陈列室或持有大量存货。

◎ 把所有的配销活动集中在同一个地点，以降低开支。

◎ 把合作的供应商数量由 5 家减至 3 家，简化生产作业，以达到更大的规模经济。

5. 计划

◎ 在 2004 年 1 月 15 日前告知亲朋好友，本公司拟增聘一名助理。

◎ 在 1 月底前完成销售手册的修改与更新。

◎ 在 2 月底前寄出 5000 份销售手册。

◎ 在 4 月底前重新设计内部资料库，以简化追踪营销反应的工作。

◎ 在 5 月 30 日前购进新的设计及规划软件。

◎ 研究是否有不错的供应商可以合作，并在 6 月底前签订供应合同。

◎ 制订新的员工奖励办法，并自本年度 7 月 1 日起开始实施。

◎ 在 7 月 30 日前完成新的包装设计及渠道宣传用品。

◎ 在 8 月 30 日前签订新的设备供应合同。

◎ 在 8 月 30 日前推出一项新服务，提供多种设计方案供客户选用。

2. Galactic 科技公司事业计划书摘要

1. 愿景宣言

本公司专门开发能够节省能源的创新技术，并将此技术商业化，在未来3年内，年营业额将达到1亿美元。

2. 使命宣言

成功开发并推出一系列大众化的技术，让消费者只要用极少的资源就能大大改善生活品质。

3. 目标

◎ 每年公司营业收入至少成长25%。

◎ 把公司的毛利率从目前的18%提高到25%。

◎ 让股东每年每股都能获得1美元的红利，而且不需要增加投资。

◎ 今年8月在拉斯维加斯的消费性电子产

品展中展示公司的新技术。

◎ 在公司的智慧财产组合中增加 3 项新技术。

4. **策略**

◎ 在 2004 年 2 月 28 日以前完成“SonicBoom”和“Eastwood”技术的研发工作，好让这些产品能够从研发阶段进入前期的制造阶段。

◎ 完成“CardSupp”技术的提高工作，以便新一代产品能够在 8 月正式上市。

◎ 建立本公司的特约供应商网络，一旦任何一家一级制造商无法供应产品，能够确保其生产不致中断。

◎ 成立一个独立作业中心，专门负责研发有发展潜力但仍在想象阶段的尖端技术。

◎ 增聘 5 名工程师，并把他们分配到现有的产品开发小组中。

◎ 重金聘用一名营销业务高手，以提升营销团队的实力。

◎ 改聘一家新的公关公司，加强宣传公司推出的新技术。

5. 计划

◎ 制订一份3年期的预算与资金需求计划。

◎ 联络5家商展公司，并开始为拉斯维加斯商展的展示做准备。

◎ 安装及运行新的套装软件来管理开发项目及制造计划。

◎ 增聘3名业务代表，以满足拉斯维加斯商展的需求。

◎ 在第二季度结束前逐步采用新的产品包装。

◎ 与供应商进行一场合伙人会议，共同商讨新技术的制造计划。

◎ 在拉斯维加斯商展开幕时推出新技术，且大约在同时推出相应的营销计划。

◎ 完成顾客意见调查，以决定本公司现有的新一代开发计划应朝哪个方向进行。

专家解读

“薄薄一页”决定了创业者的未来

文 / 孙正强

吉姆·霍兰开发的“一页规划暨操作系统”获得国际上数千家企业采用，还因而创办了“一页事业计划书”企业管理顾问公司。以台湾地区的习惯和情况看，霍兰先生可能没有太大的发挥机会，一页的事业计划书摘要可以表达出创业者的构想并借此引起投资者的兴趣，但投资者决定投资与否，通常还需要更详尽的内容，这是我多年来在工业银行从事对资产重建业务的经验所得。

针对目的设计多个版本

好的事业计划书确实有助于把创业者的构想转化成为具体可行的实施方案，让创业者、银行家、潜在合作对象或投资人士在这份事业计划书上取得沟通。然而也因为扮演媒介的角色，创业者总是想在计划书上表达所有细节，一页的版面实在不太可能做到；有时候，相当细致的事业计划书是应投资机构经理人的要求，希望把投资相关的议题都列在事业计划书中，例如财务预测假设、主要经营团队的学习经历背景等，因此动辄数十页也常见。

庞杂的事业计划书并不代表比较容易帮助创业者找到需要的资金，投资者也不会因为仔细读过七大册的事业计划书就能确定已经寻找到好的投资目标，更不可能仅从计划书的内容就看穿创业者将为投资者创造的数倍获利。相反，如何在一般的事业计划书之外摘要整理出一份一页式的事业计划书，在一页的内容里充分传达创业相关议题，将可能是创投公司决策者最后决定是否投资的重要参考，也就是说，这薄薄的一页就决定了创业者的未来。

这不是庞杂或一页的问题，而是事业计划书应该同时设计各种版本，根据递交的目的或拟说服对象的不同，内容、重心应该有所差异，例如针对投资者应该强调公司发展的愿景、成长性与获利的可能，针对银行家则应着重于现金流量与未来还本付息的能力等等。

霍兰在书中详列的提问明细给事业计划书撰写人员提供了一个大方向，如果刚好是由创业者亲自处理，在下笔的同时，逐一检视潜藏的内部问题，假设银行家或投资者一旦评估该计划案时可能提出议题，自行模拟可以应对的答案，将其融为事业计划书的内容，这将有助于构思公司未来的方向、策略与执行计划，并符合银行家或投资者的需要。

事业计划书也有生命周期

在台湾地区，三人成形的新事业资金来源多是亲朋好友，这类的微型企业无法在资本市场获得青睐。新创事业一旦进入增资阶段，就有机会被投资者注意到，其中，又以创投公司为大宗投资者。一般而言，针对创投公司所做的事业计划书，可以依照作者提出的5个特定命题：愿景、使命、目标、策略、计划，将其浓缩成事业计划书的摘要，最佳情况是作者力推的“一页事业计划书”，在最短的时间内，使得潜在投资者了解你的构想与计划。

但实际上，投资机构的评估人员无法满足于这类的简短计划书，一般会要求详细说明：资金用途、主要经营团队、产业与市场分析，新创事业的产业定位、董监事席位规划、退出或回收渠道、财务预测假设基础、产业应收／应付账款可能的条件与周转天数、生产原料的前置时间与原材料及成品安全库存天数等。评估人员检视如此繁杂的数据，目的在于估算所需要的运营周转金及评估回收投资金额的年限与报酬率。

上述各条看起来已经令人头痛，但实际上这些仍只限于大项目，每一个大项目之下都需要再衍生出更详细的资料。例如，“资金来源用途”一项在事业计划书里应该涵盖于经营过程中，每一项需要动用的资金来源情况说明是由股款或股东往来应付处理？银行融资所得？或是法人股东以过桥贷款（或译过渡性贷款、临时贷款）方式提供？针对不同类型的投资者，事业计划书的资金用途项目就需要重点调整。

在目前的低利率环境下，如果新创公司预估可以产生稳定的现金流量与获利，则事业计划书不必通篇假设将来的新创事业规模一定要很大，而且上市也不是唯一的选择，配发稳定的现金股利也能吸引到追求长期且稳定报酬的投资者。

此外，依公司的生命周期不同，对事业计划书所要求的重点亦不同。例如在公司创立或研发阶段，除了公司发展的策略与计划外，该公司所处产业的发展性、公司技术来源与经营团队的组成、完整性与相关经历都是投资者评估的重点。另外，公司的产业类型、产业的生命周期也应该列入事业计划书的调整范围，例如导入期着重研发技术，成长期重视开拓市场与提升占有率，成熟期则要仔细估算追求最大利润下产能与成本的控制。

一旦新创事业顺利发展，等到扩充阶段募集资金时，投资者对于事业计划书内容的要求又不一样，常会进一步检视该公司过去的经营绩效、公司计划产能或销售据点等扩大经营规模的可行性。公司在扩大的同时，如何在创业团队中加入新的管理人并形成健全的经营团队，也是投资者想要从事业计划书中检视出来的。凭借经营团队成员的能力、经验能否完成随后的执行计划，或者团队成员对于产业生态的掌握程度都应该在事业计划书里详述。

至于常放在事业计划书后篇的执行工作项目，则应该详列工作完成的时间点和各项工作的负责人员，并绘制成如同甘特图的工作计划书，让所有参与者更易于了解并掌握进度，这样才能真正突显事业计划书的价值。

重整企业是垃圾里的黄金

撰写好的事业计划书并不容易，在台湾地区有比撰写计划书更困难的事，那就是传统产业的兴起与重建。举个最简单的例子，连锁服饰店是标准的内需型传统服务业，如果以此行业撰写事业计划书，即使内容不错，应该也没有创投业者会感兴趣。同理，至今我还没有看过创投资金进入空运承揽业新创公司，甚至近年来投入造纸、纺织、钢铁与建筑等传统产业的创投业者亦极为罕见。国内的创投公司倾向于投资高科技等新兴产业，毕竟那些是高风险、高报酬，创投公司运作的空间比较大，产业成长性与资本市场的接受度也可能较高。在资金投入不易的情况下，传统产业是不是就永远没有春天？近两年来国内兴起企业重整风潮，其重新整理过程其实正是传统产业新生命开展的契机，关键就在于如何撰写一份适用的事业计划书。

如果说创投公司是在寻找宝山，资产管理公

司就是在垃圾山里挑黄金。能被银行接受并安排进入重整的传统产业公司多是在产业中具有一定的长久地位，而且核心竞争力仍维持在技术本位、拳头产品，仅因特殊因素而被迫资产打折出售，明智的投资者会越看越有吸引力。

资产管理公司最常见的事业计划书都是来自问题企业或重整企业，其中不乏是因为未及早谋划，或者过度扩充而造成财务困难。这类事业计划书或重整计划书的重点在于如何从产业链或现金基础的损益两大项着手，以突显该公司的经营价值。

产业链方面应该说明的内容包括产业的供需情况、未来的成长性、公司的产业地位与竞争力等；现金基础的损益常以 EBITDA 来衡量，即未计利息、税项、折旧、摊销前的利润，以实际反映该公司的最基本价值。

此外，由于重整企业多在金融机构已有抵押品，因此重整事业计划书中资产负债表的调整计划也是重点之一，包括非核心事业或资产的分割或处分、债务的协商或减少等，以达到降低负债比率，完成瘦身工程，及早让公司的现金收支与日常运营能够恢复正常。

在上述两项之外，针对现有的经营团队、供应商、客户、潜在的新股东，都要由资产管理公司协助重整事业并撰写事业计划书。对资产管理公司内部来说，这类投资案视作全新事业或主导性投资案一样处理，评估人员所提出的事业计划书也要视递交对象加以调整，如果是要提交到最高决策层，一定会整理一份摘要式的计划书，此时，“一页事业计划书”将再度成为评估人员力求表现之处。

沟通、互补，才能发扬光大

我现在任职的资产管理公司工作重点在于重整企业或主导性的投资案，投资者的参与度相当高。在决定投资之前，就要先整体了解该公司的情况，花上3个月的时间撰写这家公司的重整事业计划书，以便作为高层决策的重要参考。一旦决定投资，像我这样的经理人必须亲自协助或补足现有团队不足的部分，如果重整事业具有营销、研发或技术能力，却缺乏财务、管理方面的人才或经验，我们针对个别领域介入协助，可以使重整事业专注于其擅长的领域，发挥出更大的作用。

总而言之，事业计划书的确有重要之处，也是提案者与潜在投资者沟通的必要工具。有些朋友在规划创业或募集资金时，会希望通过我在投资界的经验和人脉来协助他们，通常我会先建议他们回家完成事业计划书再谈。如果不懂得如何下笔我也会协助，特别要以投资者的角度去评估事业计划书的可行性，让创业者的长处或短处可以从事业计划书中清楚地表达，之后再考虑是否推荐给适合的投资者进行正式评估，这都是事业计划书应有的方向与准备。

作者简介

孙正强，台湾大学化工系毕业、政治大学企

业管理所硕士（MBA），现为“中华开发资产管理股份有限公司”经理，并担任重整投资事业——庆欣欣钢铁（股）公司董事。曾任职“中华开发工业银行”投资部及调查研究处，专精于投资或重整案件评估、审核与投资后管理，以及问题企业之诊断、查核、整顿与管理。

事业计划书让你站稳第一步

The Successful Business Plan

Secrets and Strategies

原著作者简介

蓉达·雅布兰(Rhonda M. Abrams)，毕业于哈佛大学与加州大学洛杉矶分校，是联合供稿专栏作家、书籍作家兼演讲名家，全美读者最多的中小企业专栏作家,《福布斯》杂志曾誉其为中小型企业相关议题的最佳作者之一。雅布兰曾经成功创设3家企业，目前经营自己创设的管理顾问公司，至今已逾15年，该公司专门辅导创业家与小型企业的企业主。雅布兰的每周专栏“成功运营策略”刊载于130余家报纸与杂志，共有超过2000万名读者，著有《一天学会计划书》等5本著作。

本文编译：曾湞菁

主要内容

主题看板

成功的事业计划书

事业计划书不仅有助于创业者认清自己的新事业构想，也是创业者募资的“敲门砖”，我们从麻省理工学院创业课程《事业计划书》的名称就可以看出来。

一般说来，成功的事业计划书具备以下3项功能：①协助经营者厘清策略方向及经营形态；②提供公司员工明确的发展愿景；③帮助公司募集资金、寻求协助。

资深创投家埃尔顿·舍温在《硅谷之道》一书中提出创业者在创业初期必须面对的6项关键问题：①主要产品是什么？②目标顾客是谁？③谁来卖产品？④顾客群有多大？⑤售价是多少？⑥何时可以达成损益平衡？这几个问题其实就是事业计划书中的主要架构。

根据台湾地区中小企业协会的“创业咨询及辅导计划”成果调查发现，近3年来有意创业者及正在创业者最苦恼的3大问题分别是经营策略、创业贷款与事业计划书撰写，这显示大多数有意创业的人只想靠创业顾问提供协助，自己却没做好功课。大多数创业者都是为了贷款才写计划书，其实事业计划书是写给创业者自己看的，用来检视想法，并且预测、构想与真实情况的差异，然后逐步调整、充实。拾宝联合企业管理顾问公司总经理黄茂景也指出，写事业计划书虽可请专家指导，但是撰写者一定要务实诊断、评估自己的创业构想，勇于克服自己不足的地方，检视自己是不是真正具备市场、营销、资金、管理、顾客来源、生产厂商等6大要素，这样才称得上是成功的事业计划书。神通集团董事长苗丰强在30多年前进入英特尔后，有一阵子很想自己出去创业，因为当时英特尔生产一个芯片的利润才几美分，如果是一组组做，利润就可以拉到两美元。于是苗丰强就向葛洛夫争取，结果葛洛夫用一句话否定他：“应该专注在自己懂的地方。”被拒绝的苗丰强索性就自己写计划书，去找创投业者投资创业，结果因为不懂财务吃了闭门羹。于是苗丰强就去报考企业管理研究生，考上后还向英特尔申请学费，英特尔也同意了，他成为英特尔第一个代付学费的员工，不过英特尔的条件是学科成绩必须达到 B，达不到的科目苗丰强就得自付学费。就这样，苗丰强以优秀的成绩获得学位，也修得财务管理的专业知识。一份不成功的事业计划书却造就了成功的创业家，也间接造就了内部创业活跃的企业集团。

财务预测依据表（Assumption Sheet）

《企业》杂志曾针对全美成长最快的 500 家企业进行访谈，结果只有 5%的企业表示曾与投资人联手做过财务预测。事业计划书中应该列举详细的财务预测分析以及投资报酬率预估，而且必须依据具体的市场预测资料，还要包括敏感度与风险分析在内。创投业者要求的报酬率可能高达50%以上，因此创业者必须提出能够具体实现报酬的财务规划才有可能吸引创投业者的兴趣。在财务预测中使用的科目与数据都要和财务规划的说明吻合。另外还要列出财务预测依据，简述预测的标准，并且说明公司要怎么达成财务预测。内容最好包含各产品线的销售总额、总薪资成本、各产品线的预估毛利、额外支出的金额与发生时机、融资成本的改变，以及改变发生的时机等预测依据。另外也可以纳入业界专家的意见与预测，让募资对象评估财务是否合理。

结识的对象（Who You Know）

曾经有位创投业者说过，他一年会看到上千份事业计划书，如果有创业者贸然闯进办公室，丢一份事业计划书在办公桌上，这份计划书的下场通常是躺在废纸篓里。但如果是先经过自己认同的人士介绍，那么可能还会稍微翻阅。由此可知，除了写出严谨的计划书，经营人际关系也是重要的必修课。人脉网络包括潜在合伙人、未来投资人、预计招聘的人员、会计师、律师，以及主要的共同创办人。另外，创业者如果能通过关系建立强大的顾问团，也容易增加计划书对投资人的吸引力，通常可以尝试邀请会计师、律师、媒体人，甚至是民意代表加入顾问团。要拓展结识的对象，就要落实“见面→交换名片→认识→熟识→人脉”的流程。而要检视自己的“人脉指数”，可以思考以下几点：多久发完一盒名片、自认为人缘如何、每周花在社团与交际上的时间有多少，以及周围有多少人力可以动员。其实，如果创业者的团队人员不足，坦白承认反倒表示自己心态务实，愿意面对自己的弱点，也可能受到“导师型”投资人的欢迎。

5分钟摘要

事业计划书的架构

事业计划书是当作企业发展的蓝图。严谨、专业的事业计划书清楚交代了企业的目标，是企业在未来成长与发展的指南。事业计划书的架构如下：

	要件	内容
1	执行摘要	这部分篇幅约一至两页，清楚有力地概述整份事业计划书
2	公司简介	简介公司的事业内容、目前的经营状况，以及发展规划
3	产业分析	公司所处产业的趋势、特性与标准
4	目标市场	要告诉阅读计划书的人，人们产品或服务锁定的对象确实存在，而且可以争取得到

	要件	内容
5	竞争对手	概要说明竞争对手的优势与劣势，以及公司的竞争地位
6	营销计划	概述适当的销售方式，证明公司能够达成必要的销售水准
7	运营状况	说明公司日常的运作方式
8	组织架构	详细说明公司管理团队的资历、条件、技能、人格特质，以及担负的职责
9	长期规划	说明公司的长期发展方向、潜在风险、里程碑，以及实际的退场计划
10	财务说明	主要包括损益表、现金流量预测与资产负债表
11	附录	任何有吸引力、可以让事业计划书更有力的补充资料

一　写事业计划书的好处

绝大多数事业计划书的目的都是招募资金。然而，经过深思熟虑撰写出来的事业计划书对大型企业、小型企业、新创企业或者历史悠久的企业都是很有帮助的。基本上，事业计划书详细说明企业的发展方向，以及达成目标的方式。

撰写事业计划书有下列几项好处：

1. 了解现状，有效运营管理

◎ 准备的过程能够让管理团队学习到怎么从财务方面了解公司状况，特别是从现金流量与损益平衡两个方面。

◎ 把产业状况与营销信息汇总在一份文件中，这些信息对企业运营极为重要。

◎ 能够突显出公司可能争取到哪些具有获利潜力的新运营层面。

◎ 能够用来说服资金来源投资公司，例如权益投资人（希望以投资换股权的投资人）、银行等。

◎ 帮助企业经理人更了解公司，这样更能有效管理公司，追求未来成功。

◎ 扎实的事业计划书详细说明了严谨而具体的事业构想，这种事业构想可以让公司与竞争对手有所区分，让公司在许多情况下都能保持竞争优势。

◎ 某些运营方面能够让公司享有最大的市场优势，扎实的计划书可以帮助公司全心经营这些方面，省下时间与金钱。

2. 想象未来，具体长期规划

◎ 让经理人在未来能够做出更适当的经营决策。

◎ 能够预期未来可能产生的障碍。

◎ 清楚设定未来目标与评估标准，可以利用这些标准检视发展进度。

◎ 撰写事业计划书的过程十分有趣，能够帮助你想象公司未来的发展方向，以及未来希望达成的目标。

关键思维

即使已经募得充足的资金，但还是需要事业计划书。计划书可以让人了解你经营公司的方法。少了计划书，公司经营就会失去方向，也无法评估发展的进程。有时，在你完成事业计划书后可能会改变经营方式，甚至决定暂时不进入特定行业。

——尤金·克莱纳，创投家

撰写事业计划书会迫使自己严谨思考自己是不是已经全盘考虑过所有方面。有些点子听起来好像觉得不错，但一旦深入整理各项细节与数据，或许就会发现根本不可行。

——尤金·克莱纳，创投家

跟创投家谈话的好处是他们能够使你认清现

实。他们不是只会讲负面的话，而是要让你感受到自己必须付出多少努力才能成功。向个人投资者、朋友或亲戚募资是得不到这种实际建议的。向创投家募资得到的不只是资金，还有提供宝贵协助的伙伴。创投家会把你引荐给其他人，会分享自己的经验，但是同时他们也会监督你，紧盯你的表现。

——尤金·克莱纳，创投家

二 陈述重点

促成事业成功有几项最主要的因素，这些因素也应该是事业计划书陈述的重点。

事业计划书应该陈述的重点包括以下 7 点：

（1）具体的事业构想——公司享有什么竞争优势？公司有没有新的、更好的、可以服务未开发市场的产品，或者让顾客享有其他重大益处？

（2）对目标市场的了解——公司凭借哪些条件认定市场已经准备好接受公司的产品或服务？

（3）所属产业的状况——这个产业有哪些主流趋势？要规划或者扩大事业构想又应该考虑哪些产业因素？

（4）管理团队的经验、技能与能力——在公司的运营中，哪些人处于关键地位？他们又发挥什么技能与经验？

（5）财务预测与管控——管理团队是不是确实了解要让公司顺利运营、稳健成长需要哪些条件，又清不清楚公司现在或者未来会具备什么机制可以监控公司的财务状况。

（6）清楚一致的运营中心——公司要怎么把精力保持在自己追求的目标上，抗拒朝其他领域扩张的冲动。

（7）对未来变化的预估——公司所面对的市场、技术、人口结构或者竞争态势可能发生什么变化？而公司又该怎么自我定位才能从这些变化中受益？

三 5大步骤

从准备撰写事业计划书的过程中可以学到很多东西，能够让自己更了解自己的公司。

一般来说，撰写事业计划书包括以下5大步骤：

（1）找出根本的事业构想——撰写一段类似“企业宗旨”的文字，具体列出公司的发展方向、决定公司的目标以及撰写事业计划书的目的。

（2）完整搜集各种资料——关于事业构想的可能性等详细情况。

（3）根据手中信息调整事业构想——按照特定的市场信息调整自己原本的构想。

（4）概述适当的事业计划书要件——在计划书的架构中加入有关公司、产品或服务以及市场等信息。

（5）从目标市场的角度调整计划书——让自己以目标市场的立场公平检视自己的计划书。

一般来说，事业计划书的篇幅（不含附录）应该在20页左右。如果篇幅大于20页，忙碌的人不会有时间阅读；如果少于20页，会显得事业计划无足轻重。

四　设计事业计划书

1. 执行摘要

这部分篇幅约一至两页，清楚有力地概述整份事业计划书。大多数阅读计划书的人会根据摘要内容决定要不要详读整份计划书，所以执行摘要应该能说服每一位阅读计划书的人，这是经过完整构思与规划的事业构想。

内容完整的执行摘要应该让阅读者了解下列几件事：

◎ 自己的基本事业构想是成熟的，而且是确实可以经营的。

◎ 这项事业是经过谨慎规划的。

◎ 管理团队具备应有能力并且心态务实。

◎ 市场确实存在。

◎ 公司享有胜过所有竞争对手的优势。

◎ 财务预测务实而且是可以达成的。

◎ 投资人或放款人有绝佳机会可以回收资金。

执行摘要通常有两种形式：

（1）事业计划书各单元的概要——突显各单元的结论。此外，执行摘要也清楚告诉阅读者，你希望对方提供什么协助，以及对方投资你的公司能够获得什么益处。

（2）叙述性的摘要——强调事业构想中与众不同的特质、能够让人印象深刻的发展目标，以及公司要怎么运用这些特质达成经营目标。这种形式的执行摘要传达的是热忱与志趣，在运营细节上比较不会看重。

一般来说，事业计划书的执行摘要是最后才写的。这样才能根据计划书的整体概念与方向设定执行摘要的内容。另外也可以针对不同阅读者撰写执行摘要，并且根据对方的个人偏好设定内容。

关键思维

内容完整的执行摘要能够让我了解这项事业为什么会是值得一试的投资。我希望看到的是对方详细说明公司长期的经营目标、简单介绍管理团队、说明公司拥有的技术，以及他们进入市场的条件。执行摘要必须能够回答以下问题：事业内容是什么？由谁负责构建这项事业？消费者为什么要购买？

——安·温布莱德，创投家

我希望从事业计划书中看到愿景、热忱与经验。创业家要有梦想才可能实现理想，然而实现理想还是要靠经验。零售业的经营团队最好由两个人组成，两人分别具有不同特质。其中一人满怀愿景，不只有创意，还懂得怎么根据差异化与事业构想的重点选择公司要生产的产品。另一个人懂得经营，可以负责评估、开发，以及人员管理。

——南希·格拉瑟，创投家

我希望从事业计划书里了解下列几项重点：首先是了解对方产品或服务的内容、目标销售对象，以及销售做法。换句话说，就是要了解这家企业营销的各项层面，例如对方要运用哪些业务人员、广告方式与营销技巧。其次，要了解这家企业的成本结构。我希望了解生产成本、进货成本、成本预估是不是可信而稳定，以及对方产品或服务的定价。成本与定价都应该要有很高的可信度。

——罗伯特·马奥尼

公民金融集团副董事长

2. 公司简介

公司简介能够让阅读者了解公司的基本状况，简要说明公司现状以及至今的发展历程。应该让阅读者从公司简介中了解公司的事业内容、目前的经营状况，以及发展规划。

这部分内容应该包含以下 9 项重点：

(1) 公司的主要目标——清楚说明公司的经

营宗旨，也就是发展目标。

范例：ABC 有限公司是想象力丰富的食品生产与服务公司，宗旨是运用完全天然的食材，提供给消费者品质优良、价格合理的营养食品。我们希望成为顾客、社区与环境的好伙伴，目标是寻求适度的成长、年度获利与经营的乐趣。

（2）公司名称与登记形态，以及目前旗下的所有品牌名称。

（3）主要管理团队与顾问，以及每位成员扮演的角色。

（4）公司所在地，以及公司产品的销售地区。

范例：ABC 有限公司是政府立案的私营企业，总部设在洛杉矶，产品以“有机食品”与“天然食品”两个品牌营销美国西海岸。

（5）公司发展阶段——属于种子阶段、新创阶段、成熟阶段、扩张阶段，还是重整阶段。

（6）重要里程碑——公司过去获得的成就。

范例：艾尔餐厅成立于 1991 年，从 1992 年开始供应有机食品给其他餐厅，从 1992 年年底开始在当地超市销售有机食品。公司目前与一家经销商合作，希望能够服务更多地区的顾客。该经销商已经下了总价 5 万美元的订单。艾尔餐厅目前正在寻求资金，帮助公司提高产能，以满足上述市场需求。

（7）财务与人事状况简述。

范例：ABC 有限公司自从 1990 年创立以来一直处于获利状态。上一个会计年度的营业额是 85 万美元，这是公司上下 10 位员工共同创造的成果。我们希望能够扩充生产设施并且雇用更多员工。此外，ABC 有限公司目前计划大幅扩大销售活动与营销活动的规模。为了达成这项目标，我们希望能够募得 25 万美元的权益资金。

（8）营业内容——公司提供的产品或服务，以及未来计划推出的新产品或服务。

（9）商标、执照或版权——不论是公司目前拥有的项目，还是正在申请的项目。

公司简介的内容要十分清楚明确，而且要为事业计划书的其他部分开场。

3. 产业分析

这部分要清楚说明公司所处产业的趋势、特点与标准。有些外力会影响产业的发展，尽管你的公司与众不同，还是会受制于这些力量。这部分内容可以让阅读计划书的人感觉你清楚了解外在的经营环境。

这个部分应该说明下列8项重点：

（1）整体产业趋势——凡是服务业、制造业、零售业，以及配销业。

（2）产业规模与成长率，以及产业的成熟度，还有在可预见的未来可能出现的机会与风险。

（3）敏感度分析——公司受到经济形势与景气循环的影响程度。

（4）季节性因素——有哪些因素会对公司运营造成显著影响。

（5）技术变化的影响分析——每个产业都会受到新技术的影响，应该说明公司所处产业目前的技术趋势。

（6）认证标准的影响——包括政府或者其他认证机构的标准。另外也要说明，颁发认证等因素会为产业带来哪些商机。

（7）现有的供货与分销渠道——在公司所属行业，过去用什么方法制造产品与服务？又是用什么方法把产品送到消费者手中？

（8）产业的主要生态——主导这个产业的是大型企业、诸多利基型企业，还是两者都有？其他企业目前的表现如何？未来可能发生什么改变？

产业分析应该反映出自己要想在这个产业成功，必须具备哪些条件，而且自己的规划也已经考虑到各种外部因素。

4. 目标市场

大多数投资人的投资信条是进入现有市场会比开创全新市场容易，风险也比较低。这部分的目标是要告诉阅读计划书的人，你们的产品或服务锁定的对象确实存在，而且可以争取得到。

这部分应该说明下列 6 项重点：

（1）采取市场导向或者技术导向——也就是说公司经营方向是根据市场需求与趋势，还是根据新产品或服务而开发。

（2）目标市场描述——说明所有可能的潜在顾客。描述目标市场可以按照人口结构、销售区域，或者包括以上两项因素的范例：目标市场是粉领族，重视时间与价格，以私人轿车上下班，年龄在 25～50 岁之间，育有子女，家庭年收入在 4 万～5 万美元之间。

（3）生活形态或职业形态的特征——以及这些因素与产品或服务会产生哪些关联。

（4）消费行为研究——了解目标市场消费者

的消费模式，以及消费者重视的项目。

（5）市场规模预估——包含预估的方法，以及未来可预见的成长趋势。

（6）策略机会说明——描述目标市场最近出现哪些策略机会，并且分析公司要怎么利用这些机会获利。

事业计划书中的目标市场描述必须让阅读者相信，你已经仔细研究过市场，也深入考虑过产品适不适合这块市场。

关键思维

任何一家在消费市场的企业，只要了解怎么打动自己的顾客，就能有更好的表现。

——克里斯汀·麦斯威尔

按需研究公司总经理

我们希望了解自己的顾客目前都购买哪些产品，又是在哪里购买的。我们会从渠道以及顾客类型来分析经营状况，还会去了解有多少商品是打折出售的。仅了解公司的销售数量是不够的，还必须了解这些生意的收入效益。

——乔治·詹姆斯

李维斯牛仔裤公司前任财务长

要分析顾客类型，可以采用好几种方式，例如用收入水平或者生活形态来分类。如果用收入水平分类，可以分成下列几种：顶级、高收入、中上收入、中等收入与经济型。要用生活形态分类，分类标准就比较见仁见智。要分析目标顾客比较适合用收入水平分类还是用消费态度分类，了解目标顾客怎么使用自己的可支配收入。

——南希·格拉瑟，创投家

我们的营销策略包括为附近居民、银行业者以及保险业者举办盛大的开幕仪式，只在邻近地区的刊物刊登广告，到附近各大公司发送传单，还有靠朋友与附近公司的口碑宣传。

——玛莎·约翰逊，三重奏餐厅负责人

5. 竞争对手

事业要成功，必须了解竞争对手的优势与劣势，还要从顾客的角度以及公司拥有的资源的角度，公正务实地检视公司所处的竞争地位。这部分就是要概括说明上述情况。

这部分的重点应该是要辨析下列4种情况：

（1）目前有哪些主要竞争对手——这些公司与自己相较之下各有哪些优势与劣势？这些企业内部有哪些运营优势？或者有哪些明显的顾客优势？竞争对手的弱点又在哪里？

（2）目前的市场占有率分布——主导市场的是哪些公司，公司准备用什么条件跟对方竞争？

（3）未来可能出现哪些竞争对手，这些对手又会面临哪些进入障碍？你预计未来竞争对手的数量会不会继续增加？

（4）目前竞争对手错过哪些策略机会？有没有哪个利基市场是自己可以胜过竞争对手的？

整理出准确而实际的竞争对手分析能够为事业计划书增添可信度。在写这部分内容时一定要客观公正，千万不可以低估竞争对手的能力，也不要漏掉说明可见的策略机会。

关键思维

不要让对手畏惧自己，也不要对他们嗤之以鼻。不要让极端情绪妨碍自己对于竞争对手的评估。对自己或竞争对手的成功与失败绝不要反应过度。

——比尔·沃尔什

职业橄榄球旧金山49人队教练

行业有进入障碍就表示必须花费高额金钱、拥有高超技能才能进入这个行业。尽管专利十分抢手，能够显现出产品的独特性，有助于创业家募资，却不能保护公司不受新竞争对手的威胁。服务业比较不容易取得创投资金，因为竞争对手可以轻易进入这个行业，投资人会比较谨慎。一定要有进入障碍来保护自己的市场才行。

——尤金·克莱纳，创投家

只关心价格不是有效的营销策略，自己真正锁定的是哪块市场，就要捕捉这块市场的脉搏。对我们来说锁定的客户是企业主。我们销售的商品既针对顾客公司的产品需求，也针对追求高品质产品的高收入阶层。我们提供的产品不仅价格优惠，还结合了独特、高品质以及无与伦比的价值。

——罗伯特·普赖斯

美国康大电脑公司前董事长

竞争对手产品销量好，对我有利；我的产品销售好同样也对他们有利。要推出新产品，必须证明市场确实存在。如果类似产品的销路不错，那么店家会比较愿意摆我的产品。

——德博拉·穆利斯

D. A. M. E. 'S食品公司创办人

6. 营销计划

营销与销售是所有企业运营的核心。有效的营销计划应该要让人感觉公司的营销方式操作性强又符合成本效益，能够为公司的产品或服务定位，激起顾客的购买欲。销售策略应该概述适当的销售方式，证明公司能够达成必要的销售水平，足以维持运营。

在事业计划书里，营销与销售必须有所区分。

营销计划 4 项重点：

（1）为商品建立知名度的计划——可能包括广告、宣传推广或者公关活动。

（2）要传达给顾客的信息——说明产品或服务的具体效益、成本优势与便利性等好处。

（3）预计使用的营销渠道——用哪些渠道传达营销诉求。

（4）预计使用的策略——媒体广告、策略联盟、价格优惠与促销方案等。

接下来应该根据营销计划，在销售计划部分

概述公司准备采取哪些做法，以实际争取顾客订单。销售计划主要包括以下几项要件：

（1）业务团队——由哪些人实际负责争取订单，促成交易。

（2）未来要进行的具体销售活动。

（3）整体销售流程——运用这套流程争取生意、交货。

关键思维

公司愿景是由各个方面支撑起来的，这就是经营零售业的关键。各个方面都要能强化公司传达给目标市场的核心概念，包括公司的产品线、提供给顾客的服务、建筑设计、营业时间，甚至公司提供的购物袋。

——南希·格拉瑟，创投家

我们一直设法维持正面形象。例如，我们决定公司一定要把产品推销给有健康意识的消费者，于是提供棒棒糖给参加完赛跑的选手。在一场医师大会上，我们设了一个摊位来提倡均衡营养的概念。

——查尔斯·哈金斯

喜氏糖果公司总裁

经营公共关系，一定要永远展现出最好的一面。要维持组织的形象，这一点非常重要，所以不能公开每一项决策的所有细节。社会大众不太能接受负面消息。要回应重大的问题与质疑，一定要准备好标准的回答方法与形式，而且还要能被社会大众接受。

——比尔·沃尔什

职业橄榄球旧金山49人队教练

7. 运营状况

运营状况要说明公司日常的运作方式，详述公司为了能够进行根本与长期的运营作业，要采取什么样的运营架构。

这部分的重点包括下列8项：

(1) 硬件设施——租赁合同稳不稳靠？目

前的地点有没有扩充的空间？未来能不能轻易改到其他地方运营？运营地点是不是具有竞争优势？

（2）生产能力——公司生产产品或提供服务的方法。如果公司扩张，能不能产生规模经济的效应？要怎么加强产品的品质？生产流程能不能外包以挪出周转资金？有没有潜在或现有的策略结盟对象值得公司考虑合作生产产品？新技术可能造成什么影响？

（3）存货管控——过去使用哪些方法达成最佳的存货水准？又有哪些管控机制可以让存货维持在最佳水平？公司有哪些存货管理制度？又是由谁负责这部分工作？

（4）原料供应商——公司所需的原料由哪些厂商提供？这些厂商能不能稳定供货？必要时有没有其他替代的供应商？

（5）产品分销渠道——怎么把产品送到消费者手中？哪些人负责配销？公司目前用什么方式

拓展渠道？未来又可能用什么方式拓展？

（6）订单履约与客服的负责人——这部分工作是不是由公司编制内的人员负责？如果是，名额是多少？在可预见的未来会不会有新的发展？

（7）产品研发——采取哪些做法帮助公司培养竞争优势以及提升优势？公司要怎么赶上行业最新的进展？

（8）财务管控——哪些人负责处理公司资金的进出？这些人是不是具备足够的技能？目前公司使用哪一种财务制度？财务部门负责定期提供哪些管理信息？又有哪些人可以定期获得这些信息？

重点是要让阅读计划书的人感觉到你十分清楚地掌控公司的各项运营工作，了解这些因素会对公司产生什么影响，也在逐步提升各个运营层面的效率。

运营资料的内容要适量，过多与过少都不

好。要强调最主要的特点、竞争优势，以及已经解决的问题，不要深究不重要的细节。

关键思维

在公司的事业计划书中，我们避免单纯的数字预测，尝试强调基本的问题。计划书不只是数字游戏。

——乔治·詹姆斯

李维斯牛仔裤公司前任财务长

事业计划书的重点在于可信度。我希望整份计划书能够呈现出简单的逻辑，计划书越是一厢情愿，就越不可信。

——罗伯特·马奥尼

公民金融集团副董事长

8. 组织架构

这部分详细说明公司管理团队的资历、条件、技能与人格特质，以及团队成员在组织架构中分别担负什么职责。

管理团队 4 项说明重点：

（1）成员简历——介绍各个团队管理成员以及其他重要员工的背景。如果情况允许，也可以纳入每位员工的薪资与奖酬办法。

（2）董事会介绍——说明董事会成员或者指导管理团队的顾问委员会分别具有哪些商业背景与经营经验。

（3）顾问介绍——说明公司经常请教的产业顾问或专家分别具备哪些强项与特殊知识。

（4）职务规划——说明未来将加入管理团队的主要人物分别要担负哪些职责。

管理风格 3 个说明范围：

（1）正式的组织架构图——显示组织层级、权责分配以及决策过程。

（2）工作职务——描述公司长期的工作分配模式以及监督机制。

（3）主要的管理思维与风格——包括可能影

响公司运营的非正式组织架构。这能够让人了解公司实际的决策模式与落实决策的方法。

这部分内容的准备工作会因为事业计划书的阅读对象不同而出现很大的差异，必须分清计划书是要给公司内部阅读，还是供潜在投资人参考。

供内部阅读的计划书通常会强调组织架构、管理风格，以及目前空缺的职务。为了募资而撰写的计划书则会把重点放在管理团队成员的资历与背景。

关键思维

人力规划是事业规划的一部分。我们会要求公司的经理人向我们说明自己部门的人力资源状况。人力资源状况是我们事业计划书中最重要的部分之一。我们希望了解公司人力如何配置的状况，也希望了解经理人怎么培训自己的部下，怎么培养他们的接班人。

——乔治·詹姆斯

李维斯牛仔裤公司前任财务长

如果创业家才开始学做一门生意，创投家是不会投资他们的，毕竟资金太宝贵了。我们理想中的投资对象必须曾经从事这个行业，或者曾经从事非常类似的行业。聪明才智是成功的要件，但是仅靠聪明是不够的。想要成为创投家心目中的候选人必须具备扎实的经验。

——尤金·克莱纳，创投家

管理团队缺乏经验是让我们毫不犹豫就拒绝提供资金的决定因素。成功有95％来自执行。因此，要创业就要先累积经验。

——南希·格拉瑟，创投家

9. 长期规划

这部分说明自己规划的公司的长期发展方向、潜在风险、里程碑，以及实际的退场计划，说明公司投资人要怎么收回自己投入的资金。

这部分内容应该包含以下 5 项重点：

（1）公司长期的目标与愿景——例如，公司希望成为市场的领导厂商、先锋厂商，还是稳定的供货商？你希望公司成长到什么程度，市场占有率多高？营业额多少？

（2）运营战略——这些策略将带领公司从目前状况朝上述目标迈进。公司会扩充产品线，还是专注在单一领域？怎么达成市场渗透目标？公司分配资源的优先顺序是什么？

（3）里程碑——公司预计达成的具体目标与日期。

（4）公司面临的风险与商业危机——以及实际上可以采取哪些步骤来预估未来的风险。

（5）退场计划——自己和初期投资人投入在公司的资金怎样才能获得报酬。常见的退场策略包括首次公开募股、出售公司、管理团队收购、并购，以及授权加盟等。每项策略对不同类型的投资人来说，都分别具有一定的吸引力。

外部投资人对这部分内容最重视的项目就是预期里程碑与退场策略。从这些项目能够看出你要用什么方法让公司成长，以及投资人要怎么获得投资报酬。

如果事业计划书的阅读对象是内部员工，就要把重点放在公司成长的愿景上。

关键思维

计划书应该向我们说明，提供资金的股东怎么看出公司运营正在逐步前进并朝成功之路迈进。具体说明公司进入市场会面临哪些挑战，又必须达成哪些成就才能让公司站稳脚跟。我们希望公司在发展的过程中能够以 5～6 个里程碑来评估发展进程。对我们投资人来说，这些里程碑就是“风险下降点”，也就是代表每达成一项里程碑，风险就下降一些，能够让我们了解，公司正在朝正确的方向发展。

——安·温布莱德，创投家

要投资一项事业很容易，然而投资人希望了解的是怎么退场。仅宣称公开发行股票是不够的，因为有时候公开出售持股可能是不切实际的。反而应该告诉投资人，自己的公司非常有吸引力，会让其他企业想买下来，不论是因为这家公司能够让该企业现有的产品线更完整，还是因为这家公司本身就足够吸引人。

——尤金·克莱纳，创投家

我们希望了解这家公司怎么突破小型企业的规模。对我们而言，大多数公司必须让我们相信，公司能够在合理的时间内成长，达到足以进行首次公开发行股票的规模，也就是市值5000万美元左右。

——安·温布莱德，创投家

10. 财务说明

财务说明反映计划书中各个部分，具体呈现各项决策的内容。财务说明应该包括损益表、现金流量预测与资产负债表。另外也可以纳入损益平衡分析、资金来源与运用说明，以及财务预测依据表。

这部分内容应该包含下列3项最重要的财务预测：

（1）损益表（又称为收支表）——这部分内容能够看出公司在扣除所有开支后的获利情况，以及公司是盈利还是亏损。计划书中应该附上第1年的每月损益表，第2年、第3年的季度损益表，以及第4年、第5年的年损益表。

（2）现金流量预测——预测现金每个月从公司流入与流出的金额。一般来说，现金流量预测是公司最重要的财务预测报表，因为这项预测代表公司有能力支付各项开销的继续运营。理想上还应该附上公司今年的每月现金流量表，以及去年和前年的季度现金流量表。

（3）资产负债表——这份报表基本上能够看出公司在某个时间点的价值，也能够看出公司所有资产扣掉负债的总额，结余就是公司的净值，可以分配给股东或者列入保留盈余。要准备好第1年的季度资产负债表，以及第2～5年的资产负债表。

另外也可以纳入下列3种财务报表：

（1）资金来源与运用——说明公司打算向哪些对象募资，以及要怎么运用募得的资金。

（2）损益平衡分析——说明营业额超越成本的时间点，也就是公司开始运营获利的时间点。

（3）财务预测依据表——说明公司依据哪些假设条件进行各项财务预测。

这部分的重点包括下列几项：

◎ 要保守、诚实，不要凭空捏造。

◎ 请会计师提供建议。

◎ 遵循行业惯用的范例。

◎ 各项数据要一致。

关键思维

在财务说明部分，我们希望看到的是专业，

一定要运用标准格式。要聘请会计师制作财务报表，重点不在于数据，而在于报表格式。你应该把公司的数据与目前市场上的企业相比较，如果数据和经营良好的企业有很大出入，那么这些数据可能就不切实际。

——尤金·克莱纳，创投家

现金流量最重要。现金流量分析是新创企业最重要的功课，要每个月进行一次现金流量预测，预测要保守，预留空间以处理不可避免的意外。

——南希·格拉瑟，创投家

在事业提案中一项绝对的致命伤就是计划书内容显示公司资金运用不当。如果资金不是用来经营事业，我们就没有兴趣出资。在财务说明部分，我希望看到一份内容充足、注解清楚的资产负债表。损益表最好也要附上财务预测依据表，这样我才能了解其中数据是怎么来的。

——安·温布莱德，创投家

11. 附录

附录要纳入任何有吸引力、可以让事业计划书更有力的补充资料。事业计划书其他部分都是概述，详细信息通常会放进附录里。

下列几项资料可以考虑纳入附录中，包括：

（1）表现销售能力。

◎ 主要顾客的购买意向书。

◎ 市场调查结果或市场研究。

◎ 营销推广样本。

◎ 零售点的楼层平面图。

◎ 详细的竞争状况分析。

（2）强调技术能力。

◎ 详细的技术信息。

◎ 生产流程图与生产信息。

◎ 专利、商标、版权与执照的副本。

（3）展现公司实力。

◎ 对公司有重要影响的合同。

◎ 产品、公司所在地等照片。

◎ 各个办公室或店面位置的详细清单。

◎ 公司管理团队的履历。

◎ 员工的工作时间表。

(4) 打响公司知名度。

◎ 行业推荐。

◎ 公司的相关媒体报道。

关键思维

如果附录的资料很多，要放在另一个资料夹里，这样计划书的篇幅才能保持精简。

——安·温布莱德，创投家

唯一能够让我留下印象的市场研究就是看到你从产品实际设计到市场测试的过程中学到什么经验，以及拿到目前已经使用这项产品的公司名单。

——安·温布莱德，创投家

结识的对象非常重要，拥有一流的顾问是非常明智的做法。找到这附近专门协助小型企业的律师和会计师，跟他们合作。然后你就可以很有自信地说："我找到了最好的律师事务所和会计师事务所，现在我要找最好的银行来让我的团队更完整。"

——罗伯特·马奥尼

公民金融集团副董事长

如果我敬重的人打电话给我提到某份计划书，那么这份计划书就比较能引起我的注意。谁向我推荐计划书会是很重要的因素，但是说到底，计划书本身也得足够好才行。

——尤金·克莱纳，创投家

如果公司财务状况捉襟见肘，就使用创业最好、最刺激的方法。这样你必须发挥创意才能继续经营下去。如果资金不够充裕，采购就必须谨慎，还要有创意。结果我成功地让有限的资金发挥最大的效益，目标是生产足够的产品，创造最起码的收入，让公司足以生产更多产品。

——德博拉·穆利斯

D. A. M. E.'S 食品公司创办人

3 个月菜鸟变明星

Sink or Swim

New Job. New Boss. 12 Weeks to Get It Right

原著作者简介

米洛·辛戴尔（Milo Sindell），企业管理顾问，“即时行动”顾问公司共同创办人，辅导过多家《财富》500强企业，包括英特尔等。辛戴尔的擅长领域是策略规划、变革管理、组织设计、策略执行、知识管理系统、员工发展与员工整合等。

翠儿·辛戴尔（Thuy Sindell），毕业于美国加州职业心理学院，现为领导顾问，也是“即时行动”公司共同创办人，善于辅导企业提升员工生产力与员工投入。辛戴尔辅导过的企业遍及各个产业，包括嘉信理财、思科系统、盖璞服饰、惠普、加州大学伯克利分校以及雅虎等。

本文编译：吴书榆

主要内容

5分钟摘要

抓住关键试用期，提升技能

当你担任新工作时，机会之窗会为你敞开 90 天的时间，让你可以打稳根基，也让老板相信，你就是他要找的人。要做到这一点，必须逐渐建立自己绩效高手的地位，因此你得在短时间内破解潜藏的组织文化，建立适当的人际关系，并且交出成绩。

新进员工要想开创出最美好的前程，必须练就下列 5 大技能：

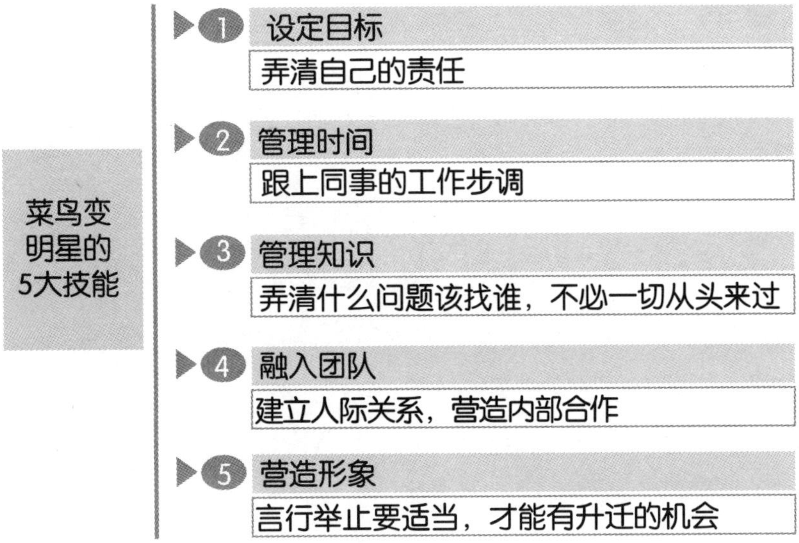

在新工作开始的前 3 个月，共 12 周，每周都要全心做好一项功课，培养每项技能的能力并成功发挥。

引　言

担任新工作并想长期成功，就要变成自己的斗士；要成为自己的斗士，就要对自己的选择负责，换句话说，就是要做到下列 5 件事：

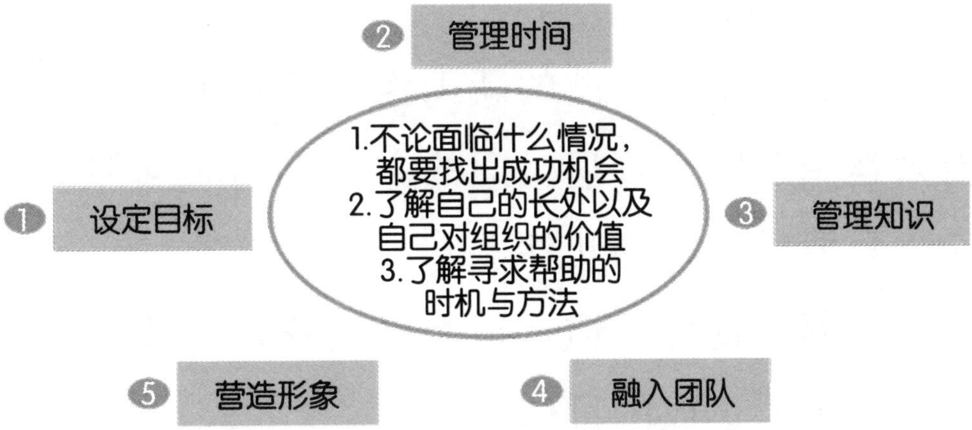

1. 设定目标

要在新的职场胜出，就必须清楚地了解自己的角色与责任。明白了这一点，接下来就可以为自己设定努力目标。

真正有意义的目标应该具备下列几项条件：

◎靠努力确实可以达成的。

◎值得长期投入与努力。

◎能够列出可行的里程碑、任务、时程以及资源需求。

◎必须能记录下来，这样既可以避免产生混淆，还可以创造动力。

2. 管理时间

要成功做好自己的新工作，就必须学会怎么有效运用时间。管理时间的方法其实一点都不复杂，只要做好下列几件事：

◎养成良好习惯，每天早上花几分钟，想好自己今天要达成的目标。

◎列出事情的轻重缓急，把时间分配在重要的事项上。

◎运用日历规划各个项目与会议进行的时间。

◎制作工作清单，写下自己必须完成的工作

项目。

◎每个星期花一小段时间开个工作规划会议，列出必须完成的工作项目。

◎要求自己一定得腾出时间进行特定工作。

3. 管理知识

各种知识都是力量，但从实际上来说，你必须具备下列3种知识才能成功：

（1）公司的相关知识——包括公司的历史、传统、策略以及宗旨目标。掌握以上信息，工作表现才能符合公司要求。

（2）产业的相关知识——对产业整体的了解会影响日常决策。掌握了这项信息，才能看出自己可以从什么地方努力。

（3）专业能力的相关知识——也就是自己所属产业的技术、专业能力以及经验。当然，专业知识越丰富，能够创造的实际成效就越大。

4. 融入团队

在职场上，很少有人能够独立完成工作。要

做好自己的工作，就必须懂得跟其他人合作。如果你非常擅长跟其他人合作，就可以建立起自己的人际关系、声誉与信赖感。

要成功融入团队，就必须注意下列两项要素：

（1）合作——工作时，必须学会怎么善用别人的意见与点子。如果不能有效合作，你的产出就无法集众人的智慧。

（2）指导——除了合作之外，还必须懂得帮助其他同事完成工作。指导的意思就是协助其他同事学习新知识，提升工作表现。

5. 营造形象

要打稳基础，让自己最后能够脱颖而出，就必须建立、加强自己的专业形象。

良好的专业形象融合了下列 3 项要素：

（1）建立人际关系——必须跟组织成员建立良好关系，这样在遇到合适的项目时，组织成员自然而然就会想到你。

（2）沟通——一言一行都应该让其他人觉得你是个值得信赖、干劲十足的人。

（3）营销——必须好好推销自己，提出适当的意见、展现应有的能力，并且确实做好工作。

第 1 周：勘查环境

在第 1 周里，行为举止要像个“新同学”一样。找出组织的运作模式，看看是谁在发号施令，掌握实权的人又在哪里。搞清楚情况才能把工作做好。

目标	认识新的工作环境
时间	了解日常工作项目，建立工作规律
知识	多方探询工作与公司的情况
团队	认识团队伙伴，了解工作流程
形象	观察组织的文化

第 1 周主要是要让自己进入状态，能够尽快开始实际工作。要达到这个目的，就必须找出新公司的运作模式，让自己可以顺应公司现有的工

作方式，而不会相互抵触。要了解公司情况可能要花一些时间，因为每个人都忙于自己的工作，很难抽出时间给你来次新生培训。

你可以按照以下 10 项基本原则着手调整自己：

（1）找到自己的位置——向每天并肩作战的伙伴进行自我介绍。

（2）备齐一切必要的用品——尽快开始投入工作。

（3）跟自己的主管坐下来谈一谈——问主管："公司为什么会录取我？"确切了解自己的责任，不要妄自揣测。

（4）观察同事的工作规律——了解大家什么时间工作、什么时间休息，弄清楚公司公认的行为模式。

（5）开始探询公司的基本情况——凡是公司的历史、产业信息、现有产品，以及公司宣示的发展方向或愿景等。好好了解各种信息来源，进一步掌握公司全貌。

（6）搞清楚自己的定位是隶属于某个大家有共同目标以及责任的团队——还是单纯因为大家职能的关系而被规划到某个部门。

（7）认识其他团队成员或者同事——进一步了解他们。

（8）开始跟组织中的其他成员建立起合作关系——组织内部的人脉对工作发展非常重要。

（9）观察其他组织成员的穿着风格并参照效仿——同样观察组织成员日常的互动模式，要求自己也用相似的模式与同事互动。

（10）要注意自己跟同事见面时给人的第一印象——初次见面的谈话要给人亲切与专业的感觉才能顺利建立起关系，而不会拒人于千里之外。这个阶段的目标是要介绍自己，只要闲谈家常就可以了。总而言之，就是要试着给人留下良好的第一印象。

第2周：掌握情况

了解自己的工作对公司有多重要。确认工作和团队目标与公司目标之间的关系。弄清楚详细的工作内容以及这项工作代表的意义。

目标	厘清自己最主要的责任
时间	依个人情况调整日常工作项目
知识	判断自己必须了解哪些事情
团队	厘清工作完成期限以及交办事项
形象	继续认识更多同事

在大部分的职场环境中，新人的蜜月期在第2周之前就会结束，然后就应该开始实际工作。一定要弄清自己的角色与责任，以及自己该与组织其他成员怎么配合。

第 2 周的优先事项包括下列 7 项：

（1）安排时间同主管面谈，弄清楚主管希望自己进行哪些工作——提出自己的看法并且询问主管，自己对工作的认知符不符合主管的设定。同时也要讨论自己要进行的各个项目，以及这些项目的优先顺序。

（2）跟同事讨论主管要求的工作重点，了解主管对自己工作的要求，询问同事自己的看法是不是正确——想办法找出哪些问题会困扰主管，然后确实了解这些问题。

（3）开始规划工作日程，方便自己追踪重要的日子——工作日程一定要跟上其他团队成员的工作进度。把自己各个项目的目标日期、里程碑与完成期限都记在工作日程里，同时大致规划几个工作时段，然后开始执行这些项目的工作。

（4）开始运用记事本记录自己必须完成的工作，并且安排各项工作——记下所有细节，帮助自己妥善运用时间，提高工作效率。

（5）分析自己被分配哪些任务，以及自己拥有哪些资源——厘清自己目前具备哪些技能、信息与知识，以及自己需要哪些资源才能完成工作。着手制订计划，学习必要的新技能，争取额外的资源，让自己能够完成所有工作。

（6）进一步了解其他团队成员的工作内容，开始建立友谊，跟大家一起吃午餐，分享团队成员感兴趣的信息，还要弄清要完成各项工作应该找谁帮忙——尽量跟团队成员分享自己手中的信息，促成双向沟通。

（7）继续认识更多新同事，建立个人的人脉——积极练习倾听的技巧，引导对方谈论他们个人的兴趣，而不要总是自己在说话。鼓励和你谈话的人积极表达对你的想法，你会很惊喜地发现，对方认为你这个人十分有趣。

第 3 周：全力以赴

到了这个阶段，就应该着手进行自己的工作，并且跟主管确认自己的进度。要开始展现工作成果，做出实质贡献。

目标	清楚界定自己所有的交办事项
时间	厘清各项交办事项的日程
知识	判断自己需要哪些资源
团队	清楚了解团队的责任
形象	提出具体要求，提供精辟见解

到了第 3 周，应该要开始展现工作成果，争取他人的尊重与赞赏。边做边学通常是最好的学习方式，也能够让你真正推动各个项目发展。去找可以帮助自己的人，寻求他们的协助。这个时

候不仅要继续学习，也要开始动手做。

第3周的优先事项包括下列6项：

（1）花时间弄清楚自己手上各个项目的目标——一定要详细列出所有项目各自的目标、里程碑、资源以及完成期限。

（2）积极管理时间，才能挪出大量时间投入项目——每天都要善用日历，严谨安排各项工作的日程。

（3）针对手边进行的每一个项目规划完整的工作清单——再具体列出每天的工作清单。把清单上的工作列为优先事项，至于那些可能突然出现、浪费工作时间的琐事就列为次要的。记下所有事项才能时时清楚自己必须完成哪些事项。

（4）找出更好的信息来源——不要白费力气从头来过，而要想办法找出公司里其他同事之前完成的成果并善加运用。组织内部其他成员之前很可能都面临过你目前面临的挑战，所以不要害怕开口提问。一定要注意，功劳该归谁就要归谁，这样才不会有同事认为你剽窃别人的成果，不过一定要善用所有可用的信息来源。

（5）向主管报告目前的工作进度——确定自己的努力仍然符合当前的目标，同时也要确定，即使大家都忘记告诉你最新情况，最终目标依然没有变动。还要跟其他团队成员坐下来讨论，了解成员各自负责的工作内容。记住你是新人，所以如果有任何人必须重新调整工作内容，那不是别人，一定会是你。各项事务都要讨论清楚。

（6）试着找到实际方法来提升自己的沟通技巧——运用不会冒犯对方的方式来陈述自己的意见，提升自己的电话礼仪与电子邮件礼仪，尽量让具体的要求成为日常相互沟通的一部分。只要稍做研究，你应该就会发现，有很多简单的事情可以提升自己的专业形象。了解一些内行人的小秘诀，并且好好加以运用。要为自己营造形象，跟其他人沟通的方式会是重要的基础。

第4周：全心投入自己的工作

在你接任新工作一个月的时候，应该让自己全心全意投入负责的项目。然而，在自己的工作方式固定下来之前，应该先停下来检查自己是不是确实朝着长期成功的方向努力，而不要白费力气。

目标	推动工作开展
时间	规划应付干扰的办法
知识	善用各种可用的信息来源
团队	开始跟团队分享资源
形象	开始建立紧密关系与信赖感

到了这个阶段，你应该已经在做自己分内的工作，但是在自己的工作方式固定下来之前，最

好先检查一下自己有没有必要调整做法。最重要的就是要获得长期成功。

第 4 周应该进行的活动包括下列 7 项：

（1）检查一下各个项目的里程碑是不是依然能够指引自己朝正确的目标努力——就算项目工作比自己当初想象的要复杂，努力方向还是要正确。

（2）注意工作范围过度膨胀的情况，也就是在原先清楚设定的目标之外，又加上额外的工作——如果这些附加的工作会造成这个项目的根本改变，那么就要坐下来跟主管讨论一下，协调出新的完成日期。如果项目内容改变，也可能必须重新设定各项工作的优先顺序。

（3）妥善安排时间，让自己每次都可以提早 5 分钟赴约——利用这 5 分钟的空当在心里预做准备。

（4）预先规划应付突发情况的方法，设法提升自己的应变能力——这时各个项目才刚展开，你的日程表还没有完全确定，所以要加强自己处理突发情况的能力。

（5）学会在新组织内部分享信息的习惯——组织成员在提供信息前，会不会希望你先分享自己了解的情况？要在组织里获得成功，有没有什么秘密是由守门员热切守护的？弄清楚要用什么条件才能交换信息，然后用这些条件进行交换。向组织成员寻求协助，感谢他们分共享信息，加强自己与信息来源的关系。尽可能让自己消息灵通。

（6）用心提升自己团队合作的技巧——让同事们都了解自己是个懂得团队合作的人，并且培养自己的合作技巧。向团队伙伴伸出援手，让伙伴对自己产生信赖。多向伙伴提供自己的背景资料，让他们能更了解自己的才能。跟伙伴分享信息来源，并且设法与其他团队成员建立工作上的合作关系。

（7）与同事建立紧密关系或者联系，试着开始提升自己在公司内部的形象——花时间进一步了解自己身边一同工作的伙伴，注意自己给他人留下的印象。尽可能让身边的同事感到自在，不要让他们觉得受到威胁或是挑战。

第5周：关照全局

到了这个时候，就要理解组织非正式的运作模式。进一步解读工作环境的实际情况，并且把这些观察应用到自己必须完成的工作上。开始让自己更贴近公司的文化。

目标	厘清组织的作业模式
时间	观察组织管理时间的方法，以及评估时间的标准
知识	弄清惯用的信息分享方式
团队	观察团队实际的运作模式
形象	注意组织的穿着习惯

现在你已经弄清楚公司的情况，应该揭开表象，了解新环境真正的运作方式。实际了解组织的作业模式，就能让自己更有效率，创造更多成果。

在第5周应该做到下列8项优先事项：

（1）观察公司实际的决策模式——是共同决定的效力比较高，还是要取得适当对象的同意？

（2）弄清楚组织的提案办法——应该怎么提出可以帮公司省钱的新点子？找出自己必须向谁提出点子，才能让这个点子受到注意。

（3）试着进一步了解自己的工作环境是怎么评估时间的，还要配合整体工作环境调整自己的工作日程——看看组织制订计划的方式，以及组织是怎么在短期目标与长期成就之间取得平衡的。了解这一点也可以帮助自己弄清楚组织过去做出特定决策是基于什么理由。

（4）找出组织惯用的信息分享方式，并且顺应这种组织习惯的方式，调整自己分享信息的方式——要更清楚地了解组织目前使用的规则与做事方法。

（5）找出组织里谁是“熟悉内情人士”，也就是谁最先知道新信息或者新方案，试着赢得这些人的信任——要赢得信任，必须要有耐心，还要做好等待的心理准备，这可能会花上一段时间，但还是要着手进行这项工作。

（6）同时还要了解组织内部对新点子的态度——组织怎么处理新点子，又怎么运用新点子？组织成员习惯如何分享新点子？

（7）仔细思考是什么原因使得自己的团队既独特又有价值——组织重视的团队价值是什么？团队成员会勇于承担责任，还是会经常在出现错误时试着把责任推到别人身上？团队成员会不会坚决甚至狂热地捍卫自己的势力范围？在本周，要更仔细了解团队的运作习惯。

（8）检视自己在公司的形象——每天都要再检查一下自己的穿着打扮，想想这样的穿着是让自己真正融入组织，还是让大家都看出来你是个新人？在这方面要多用点心。在努力融入组织的同时，也要让自己看起来像个有潜力成为领导的人选。重新思考自己应该怎么穿着打扮，必要时要更适当地调整自己的穿着。

第 6 周：展现实力

开始把精力放在能够展现自己独特技能、知识与能力的工作上，找到自己能够发挥的特质，并且立刻决定自己要靠什么条件闯出名声。

目标	清楚了解自己的独特技能与特质
时间	思考自己在工作中学到哪些事物
知识	厘清自己具备哪些知识，又有谁会重视这些知识
团队	请成员具体评论自己的进度
形象	努力修饰个人的公关诉求

从这周开始让大家看见自己的独特技能、知识与能力，突显这几项特质。开始强调并且展现自己要争取令人瞩目的条件，帮助自己建立成功

的职业生涯。现在就展现自己的实力。

在第6周时，要做到下列5件事：

（1）找出能够靠什么条件让自己在工作环境中有突出表现——花时间仔细想想，自己希望在工作上创造什么样的成就来让众人称赞。

（2）腾出一段时间让自己可以反思，不要只顾着追赶工作进度——安排一段这样的时间，用这段时间好好反省思考。

（3）检视自己的时间管理技巧有没有进步，还要确定自己管理时间的方法对职业生涯是有帮助的——不要让自己总是开会迟到。

（4）请主管与团队伙伴针对自己的工作表现提出看法——从大家的说法中找出共同的评价，在脑海里记住自己具备的技能可能有哪些盲点。进一步利用这些信息，更积极地参与符合自己优点的项目。

（5）想想自己的个人公关做得好不好——每一次谈话都是让对方注意到自己的机会。你必须规划个人的公关计划，设计一套诉求，在诉求中加入自己希望别人注意到的特质，然后向组织传达自己的诉求。

第7周：一起吃午餐

在本周，必须审视自己是不是成功建立了个人的人际关系。花点时间确认自己确实朝正确的方向努力，开始跟工作伙伴建立稳固的人际关系。

目标	检视自己的人际关系
时间	花更多时间经营人际关系
知识	判断自己是不是结识了适当的伙伴
团队	审视并且加强团队关系
形象	分析自己是不是具备必要的技能

要想依靠稳定的表现在组织里更上层楼，人际关系是关键。简单来说，只要争取适当对象的认同，就可以在未来取得更高的成就。本周的重点是评估自己是不是建立了坚实而活跃的人际

关系。

在第 7 周应该进行的活动主要包括下列 6 项：

(1) 想想自己理想的人际关系应该是什么样的——比较理想情况和目前的人际关系，找出其中差距，并且规划具体计划弥补这个差距。

(2) 强化现有的人际关系——找出手边有用的信息与现在已经建立起关系的对象分享。追踪了解后续情况，并且继续保持联络。

(3) 调整日历，挪出更多时间经营人际关系。列出自己要联络的对象，排出联络的先后顺序，然后开始行动。再列出自己希望一起吃午餐的对象，开始安排时间。

(4) 仔细想想，自己一下子可以找到多少人提供协助与信息，然后问问自己，在人际关系中，再加进具有什么专业能力或是信息的人会对自己有帮助——只要一有想法，就要开始去认识新人。尽可能请别人介绍，不然就要走出去，接触这些自己希望加进人际关系的对象。态度要积极。

（5）用同样热忱与投入的态度，继续营造自己同团队的关系——你可以采用类似经营人际关系的方法，评估团队成员的革命情感是强是弱，并且判断自己必须用什么方法才能加强团队成员的关系。拟订计划来提升团队关系，并且付诸行动。可能的话，试着指导自己的团队伙伴，提出精辟见解，让团队成员愿意在其他方面协助自己。

（6）照照镜子，看看自己的个人形象够不够鲜明，符不符合自己预设的目标——确认自己在公司的形象确实能够强化自己试图建立的人际关系与团队关系。要知道，往来的对象会影响他人对自己的印象，因此一定要妥善处理自己在工作上的人际关系。注意自己在言语之外传达给人的感觉，确定这些感觉都是正确的。表达意见要谨慎，而且意见要真诚。建立适当的形象，让大家愿意跟你往来。

第8周：设定有挑战性的目标

把眼光放在未来。判断自己在未来半年内必须取得哪些成就才能成为明日之星。全面检视工作环境，找出最佳机会，然后好好争取这些机会。

目标	找出合适的半年目标
时间	根据这些目标调整工作的先后顺序
知识	找出会影响自己发展的趋势
团队	与团队分享自己的精辟见解
形象	根据未来的目标调整形象

现在要开阔自己的眼界，更仔细地思考未来。具体来说，你现在已经掌握充分的信息，可以设定未来半年要达成的目标。全面检视工作环

境，找出发展趋势，并且要更懂得在满足目前需求与争取发展机会之间找到适当平衡。

在第 8 周时，应该做好下列 6 件事：

（1）判断自己希望投入哪几个项目，又应该培养哪些新技能——拟订策略，让自己可以在合理的时间内参与这几个项目，或者培养出上述新技能。

（2）明确设定半年后要达成的目标——判断自己如果成功达成这些目标，看起来、听起来还有感觉起来会是什么样子。把追求长期目标的过程分割成几个短期目标，然后开始朝目标努力，短期目标要切实可行，也要有挑战性。把每个目标都记录下来，自己才会清楚、明白。还要看看自己需要哪些资源，并且设法争取到这些资源。

（3）检视自己的日历，开始把时间分别分配到目前的工作，以及与未来相关的工作上——养成排定各项工作先后顺序的习惯，目前工作仍然是第一位，但是要挪出一些时间投入到自己半年后希望达成的目标上。设定里程碑，并且为每个里程碑制订达成期限，还要设定一套方法，追踪自己达成各个里程碑的进度。

（4）研究一下要达成半年目标必须具备哪些信息与知识——在自己的人际关系中，有些人相当熟悉这些领域，向这些对象请教，开始累积相关知识。不能什么事都问别人，自己同时也要了解相关知识。看看其他人是不是已经走过相同的路，他们能不能为你指引捷径。

（5）与团队分享自己学到的知识——看看团队中有没有人想要合作，共同执行自己获得的新点子。

（6）判断自己有没有必要调整个人形象，让其符合自己的半年目标——你可能必须在某些方面有所提升。为自己增添独特的风格，准确反映出自己的个性，享受一下其中的乐趣。逐步提升个人形象。

第9周：检视目前的进度

现在你已经担任新职两个月了。检视自己到目前为止已经达成哪些成果，找出在哪些方面可以做得更好，并且进行必要的调整，为未来发展奠定坚实基础。

目标	检视自己内心的感受
时间	加强创造成效的能力
知识	判断自己的专业技术对工作有没有帮助
团队	分析自己是不是达成预期目标
形象	检视自己的沟通技巧

你应该对自己过去两个月来取得的各项成就感到骄傲。用这个星期重新检视自己正在培养与运用的新技能，判断哪些已经运用自如，哪些方面还需要多加注意。第9周就像是个休息站，可

以让你好好充电，做好准备迎接以后的挑战。

第 9 周应该进行的活动包括下列 8 项：

（1）认真检查一下自己目前的情况是有长足的进步，还是停滞不前——看清楚自己的目标，看看自己是真正在朝目标迈进，还是只在原地踏步。判断自己是依然保持在正确的方向上，还是已经因为繁杂的琐事分心了。

（2）仔细检查自己有哪些日常作业必须处理，看看自己在这种作业架构下能不能有效管理时间——必要的话，修正并更新自己的日常作业模式，让自己未来能真正投入到重要的工作中去。

（3）好好想想自己多久进行一次时间规划。想办法提升自己运用日历的方式，让自己更有把握在期限内完成工作——试着规划一套方法，以帮助自己更妥善地运用时间。

（4）培养研究能力以及建立人际关系的能力，这样会有助于缩短获取信息与准备报告的时间——自己在各方面的表现一定要能够准确反映公司运作的步调。

（5）确认手中处理信息的工具足以满足工作需要，看看有哪些新工具可以让自己的工作更有效率——如果升级设备确实有道理，就要说服主管升级设备。

（6）重新检视自己的人际关系，看看自己为其他人贡献了什么，又从人际关系中获得了什么——一定要让自己有越来越多的机会可以培养人际关系。

（7）密切检视自己有没有达成团队的期待——询问团队成员，看看自己在成员眼中是为团队增添正向价值，还是变成团队虚弱的一环。努力让自己说到做到，跟其他成员密切联系，还要确实在时限内达成团队的要求。

（8）继续向其他组织成员请教，广泛了解大家对自己的看法——思考还要采取哪些新的行为模式来提升自己在公司的形象。全心营造积极进取的印象，不要留下自以为是的印象。

第 10 周：检视实际情况

既然你已经更清楚公司的情况，就应该重新检视自己的工作环境。判断自己哪些方面必须调整，才能有信心、有把握地朝目标迈进。

目标	判断真实的组织文化，找到茁壮成长的方法
时间	分析组织运作的步调
知识	判断组织分享信息的方式
团队	了解团队实际的运作模式
形象	判断哪种形象最受肯定

现在你再也不是工作环境中的新同学，应该清楚了解了怎么让自己在组织里胜出。在这周，要花时间评估工作环境、预测潜在的障碍、集中运用手中掌握的资源，还要专心做出适当的

决策。

在第 10 周有下列 6 项主要的优先事项：

(1) 更清楚地了解公司的真实情况，判断有没有必要更新或者修正自己追求成功的策略——花点时间审视自己的策略，判断有没有修正策略的必要。

(2) 思考组织文化的内涵，也就是组织的运作规则、价值观以及基本假设——更深入地定义公司的文化，同时看看自己有哪些工作事项与目标必须做出调整才能符合公司的文化。

(3) 分析公司对时间的态度——工作步调是快是慢？团队成员工作起来像个急惊风，还是像个慢郎中？大家认为你积极进取，还是很自然地预期你要花点时间才能把事情做完？根据自己的观察与了解，可以判断自己在哪些方面必须做出改变才能更符合工作环境的步调。

(4) 如果信息就是力量，那么就应该仔细观察组织惯用的信息分享方式——信息分享的方式包括正式与非正式的结构与渠道。投入时间与心力找出正式的信息分享渠道，确定自己可以充分运用这些渠道，再运用人际关系，看看自己还可以运用哪些非正式渠道让自己消息更灵通。

（5）观察项目团队的团队精神，你现在应该能够清楚感觉到这一点——团队成员是不是互相信赖并相信每位成员都会全力以赴？如果彼此的信赖出现缺口，可以用什么方法修补？实际了解团队的运作情况，确认每位成员都尽了自己最大的努力。

（6）到了这时候，你对于别人怎么看待自己应该已经有些想法——这时应该实地测试这些想法，帮助自己切实了解现实情况。私下跟同事谈一谈，听听他们的意见。鼓励同事提出建议，看看可以用什么方法来提升自己的专业形象。尝试接纳某些新点子，看看这些点子符不符合自己的想法。营造适当的形象，让大家觉得自己是个表现杰出的人。

第 11 周：庆祝初期胜利

再次确认自己入职以来有哪些地方进步了，再看看前方还有哪些机会，找出还有哪些方面的技能必须继续磨炼。

目标	确认自己目前为止的成就
时间	提升时间管理技能
知识	设法更有效地分享各种见解
团队	评估指导与合作的状况
形象	评估自己经营人际关系的技巧

到了这个时候，你已经相当程度地融入公司文化以及作业模式，快要达成目标了。但是在你带着全新的活力与热忱准备向前迈进时，应该先花点时间分析自己取得了哪些成就。

第 11 周应该进行的活动主要有下列 5 项：

（1）全面审视自己设定目标的技巧与程序——自己能不能有效设定目标，并且能够坚持去达成目标？能不能一直准时完成团队赋予的责任？如果没有随着时间逐渐进步，分析问题出在什么地方，并着手改善这些问题。目标是自己设定的，要用合适的方法才能达成目标。

（2）整体评估自己管理时间的方法是一直发挥自己最大的生产力，还是慢慢养成不好的习惯——仔细检视工作规律，看看有没有必要进一步调整。分析自己设定工作优先顺序的方法，看看这套方法能不能有效帮助自己。注意自己实际上有多少时间可以用来执行工作，看看有没有合适的工具或技巧可以帮助自己在每天的工作日程上增加一些可用的时间。

（3）评估自己获取知识的各种来源是不是大部分时间都消息灵通或者确实掌握各种情况——如果自己在这个方面表现欠佳，就应该马上着手拟订明确对策，以解决这个问题。

（4）从项目团队的角度来评估自己的表现——你现在已经可以更具体地观察自己的表现。所属的项目团队是不是大致上都能达成团队目标？有哪些比较弱的环节必须加强？尽可能增强、改进自己参与的项目团队。你可能必须提升自己的指导技巧，帮助其他成员进步，或者让自己更懂得怎么跟团队成员合作。制订强化团队能力的计划。

（5）检视自己在公司的形象——有没有穿出成功的形象？有没有让公司同事觉得你会成功？仔细检查在个人的公关诉求中，有没有必要增添哪些元素，或者去除哪些元素。提升自己在同事与其他人心中的专业形象。

第12周：设定长期目标

坚定地把眼光放在未来。设定自己一年后希望取得什么成就，并且确立发展方向。用全部精力持续加强与调整自己辛苦学来的技能。

目标	写下自己的一年目标
时间	制订计划并且设定期限
知识	判断自己必须具备哪些技能与知识
团队	判断自己要跟哪些人合作
形象	设法善用人际关系

在完成自己的3个月计划前，先把眼光放在未来。设定自己明年希望达成的目标以及努力的方向等。设定目标要根据自己掌握的情况，而不是根据自己预设的理想情况。

在第12周应该做到的优先事项包括下列5项：

（1）设定一年或一年以上的目标，追求在组织里更上层楼的机会——目标要确实能够达成，同时也展现出进取心。或许可以好好思考自己必须达成哪些目标，才能在工作上创造出人人称赞的成就。

（2）制订未来一年或更长时间的工作日程。大略设定里程碑，定出明确的达成期限，并且列出工作清单——进行这些工作的时候，可以运用自己在过去3个月中学到的所有技能。

（3）仔细思考该找谁同自己一起向前迈进。找些合适的对象组成团队，这些对象可能是你信赖的同事，也可能是能力受到肯定的专业人士——还会有其他人想要在组织里更上层楼，在你努力向前迈进的时候，或许可以跟这些人共同合作。判断自己跟其他人合作能不能帮助自己达成目标。

（4）判断自己在朝一年目标努力的同时有没有必要提升营造形象的技能——另外也必须想清楚自己在组织里要表达什么样的公关诉求，让组织成员了解自己追求的一年目标。你希望别人认为你是冉冉升起的明日之星，或者只把你看成表现稳定的成员。

（5）分析自己有没有必要针对一年目标加强人际关系——你可能要建立并且加强自己经营人际关系的技巧。如果真的有必要，要确定这些改变能够帮助自己持续进步而不会造成障碍。

我是关键零部件

Linchpin：Are You Indispensable?

How to Drive Your Career and
Create a Remarkable Future

原著作者简介

赛斯·高汀(Seth Godin)，毕业于斯坦福商学院以及塔夫茨大学，曾任互动式直效营销公司 Yoyodyne 创办人兼董事长，该公司后来在 1998 年末被雅虎并购，而高汀则于并购后担任雅虎直效营销副总裁，后来离开雅虎自行发展。高汀所写的博客是全球阅读人数最多的营销博客之一，他也是造诣很深的演说家，并著有 10 本著作，包括《肉丸圣代》、《喷嚏营销》以及《许可营销》等。

本文编译：林文祥

主要内容

关键词解读

轮栓人才

经营企业的人都知道首要课题就是找出自己的独特销售主张，也就是要告诉客户，自己与竞争对手的不同之处在哪。通过独特的销售主张，清楚地表达出自己的独特性、差异化与竞争优势。如果把一个人当作企业一样经营，那什么样的人又是客户心目中无可取代的合作对象呢？当一个人的工作内容同质性高，教育养成容易，被取代的可能性也很高，那要如何让人知道自己的独特价值呢？

在生产流程标准化、作业分工精细化、工作外包大量化之下，如果还只是负责作业网上的单一工作，任何人都有被取代的危险。要摆脱这项危机，展现个人独特价值，就要成为高汀所说的轮栓人才。轮栓人才是企业组织中的关键人物，因为轮栓人才具有创意、领导力、充分的执行能力，并且会关心共同工作的伙伴，不受限于既有资源，勇于改变现状，所以才是独一无二而不能取代的。时下有许多人在求职不顺利时，埋怨大环境不景气，以致无法找到理想工作，对此高汀回应道："如果求职者连一份具有独特性的简历都没有，又怎能怪罪企业主在堆积如山的简历中没发现自己的存在？"举例来说，独特简历可能包含企业主会特别重视的推荐信、为企业主量身定做的策划书，或者附上另类却能充分展现能力的个人作品。具备了这些条件，才有机会在激烈的求职市场找到理想工作。

我们从小都被教育每一颗螺丝钉都有它的重要性，但是在现实职场上，当一颗安分守己的螺丝钉是不够的，因为每颗螺丝钉的功能都一样。要打破同质性的窠臼，就要在既有的工作中发挥更大的价值，随时为公司争取更大的利益。轮栓人才未必得在组织中担任要职，因为轮栓人才在任何一项工作上都能发挥影响力，只要努力经营自己，让自己成为轮栓人才，就能突显自己最无可取代的价值。

赠送礼物

以“施比受更为有福”的宗教观点来解释，那得到的福是在物质的付出后，心灵上所感受到的平安与满足。然而，在进入网络时代后，这句话更加具体地体现在现代人的社交媒体行为上。在各大社交媒体网站上，丰富的资源与联系都是源自分享的概念。社交媒体因为分享资源而更紧密，资源因社交媒体成长而更丰富，两者相辅相成，发展规模日渐庞大。

许多创作者利用网络带来的便利性把自己的作品分享给更多人，例如知名博主“酪梨寿司”在社交媒体网站脸书与噗浪都有为数不少的粉丝。“酪梨寿司”发布的信息总能引起广大粉丝的共鸣，然而这些信息并非网络趣闻或科技新知，常常只是生活中的一些趣事和自己的观点，话题平淡无奇，但因为她长期深耕社交媒体网络，而且乐于回复留言，有时候甚至会帮网友寻求解决方法，自然能获得粉丝的忠诚与喜爱。粉丝常称“酪梨寿司”的发言有极大的治愈效果，看了她分享的生活趣事，心情也会变得很好。这些通过网络发布的信息不需花费什么成本，却能发挥感染与感动人的效果，可以说是科技带来的极为实惠的礼物，也让“酪梨寿司”成为自己一手经营的社交媒体的意见领袖。

脸书上也有许多使用者，虽然他们本身不从事创作，但通过搜索和分享有趣或有用的影片与信息，也一样可以成立粉丝专页，号召有共同爱好的群体。免费分享的概念在网络时代已非常盛行而且使用便利，例如摄影、小说、研究心得都可以先通过免费分享，建立个人声誉与社交媒体网络，再从中寻求赚取收入的方法。送礼不再只是吃力不讨好，或者沦为错误投资的行为，而是新时代关键人才发挥热忱与影响力的绝佳途径。

5分钟摘要

轮栓人才无可取代

是时候该重新思考你的工作方式了。

几个世代以来，你（以及几乎所有人）已经被设限，将你每天所做的工作视为整个公司里的一颗螺丝钉——照章行事、依照上级指示，老老实实做一天工、领一天钱。打破这个窠臼，为了更好的生活与事业做出重大改变的时候到了。为一家公司工作，希望公司照顾你一辈子的时代已经一去不复返了。

与其努力成为大型企业这样一台机器中一颗更出色的螺丝钉，不如学习成为“轮栓”——也就是一种不可或缺的零件，能让轮子固定在轮轴上。要成为轮栓人才，必须充分利用自己天生的才能，在工作上达成真正卓越的表现。轮栓人才就像艺术家，因为懂得发挥自我而得以成就卓越。

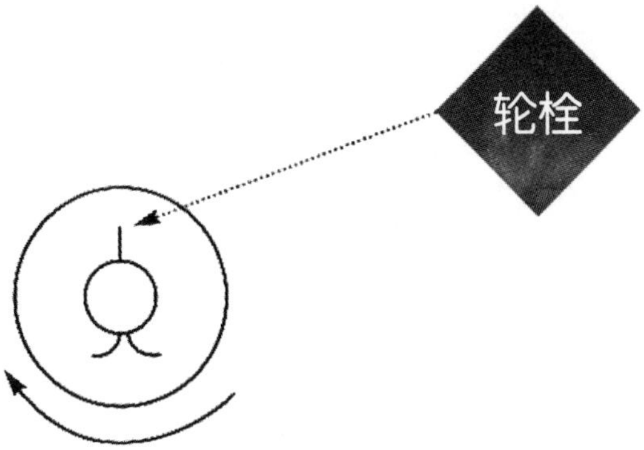

关键思维

每一个成功的组织至少都有一名轮栓人才，有些会有数十位甚至上千位。轮栓人才是不可或缺的元素，能够维系特定的运营层面。少了轮栓人才，一切都会土崩瓦解。如果你的理想工作他人无法取代、被赋予高度的责任和自由、需要付出情感，并且鼓励你做个有血有肉的人，而不是机器里的一颗螺丝钉，就请你别再花费心思去迎合 Craiglist（网络分类广告）里那些和自己格格不入的工作。别再顺从于体制，要规划出自己的前途。

——赛斯·高汀

一　抉择

现在，你应该打破窠臼，而且如果体制里有些要素告诉你顶多只能成为其中越来越大的那颗螺丝钉，就要统统摒弃。做出理智的抉择，不要再原地踏步，把成为轮栓人才定为你职业生涯的目标。

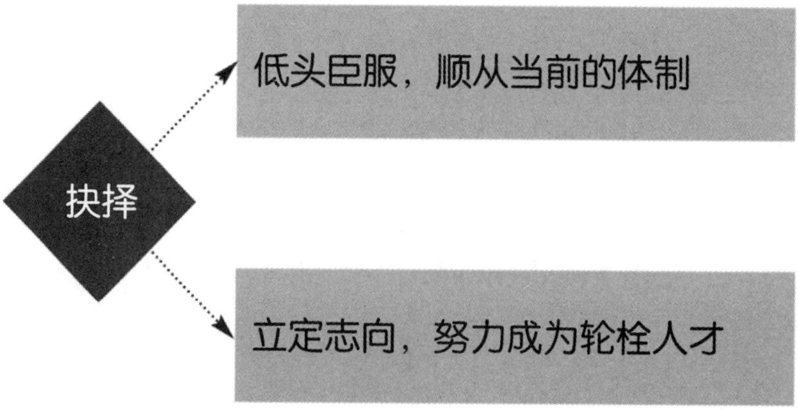

自从亨利·福特用T型车生产线告诉世人制造汽车可以更符合成本效益后，企业便不断设法将商品的生产过程分成一系列的细项工作，每一

部分工作都可以由廉价的劳动力依照简单的指示去完成。因此在过去的100年间发生了以下情况：

◎ 学校推出教育产品所根据的观念就是要教育学生，谋生的最佳方式就是为大型企业工作，然后一步一步往上爬。

◎ 大多数企业主都希望员工服从并遵守公司指示，而不是期待员工自己去发挥创意，独立思考。

◎ 社会一直都主张并且推广一种观念，即最好要合群，不要特立独行让自己与众不同。

◎ 很多人一直被灌输这种观念，即最好能为大型企业工作，有个稳定的事业，胜过自己出去闯，做些冒险的事情，比如创造某种绝佳的商品等。

◎ 投资人一心一意想找出有哪些企业擅长将廉价的劳动力变成高价值的生产者。如果一家公司的生产线能够做到这点，就值得投资。

◎ 意见领袖认为成功的关键在于建立简单到不能再简单的经营模式，即使是没受过训练的基层员工也不会出错。麦当劳就是这方面的理想典范，能够利用低薪员工，通过最简单的运营流程，生产出品质一致的产品。

◎ 过去一个世纪以来，企业经理人在管理和规划上所依据的观念都是人力是可以取代的，所以再换新的就好——任何一位员工都不会比其他人更好或更差。

这些想法都没什么不对，但是如果你看看当今的经济环境，首先就会发现到处充斥着官僚、只知道抄笔记的人、自由主义者、只会读使用手册的人、等不及星期五再次到来的工作者，还有依照别人安排行事的人。这些人过去的薪水都还不错，如今却面临有史以来最严重的裁员、被忽视与低薪的情形。

伴随他们成长的体制还有下列几种：

◎ 每天到公司上班。

◎ 做老板交代的工作。

◎ 遵照指示，努力工作。

◎ 坚守岗位，融入体制。

◎ 因为效忠老板而受到奖励。

这一切产生了一个关键问题：

为什么有些人很容易因外包、裁员或自由工作者而被淘汰，而有些人总是拥有许多工作机会？

在今天的经济环境下有一个无可否认的事实，那就是你再也找不到什么好工作。有人明确告诉你该做什么的工作却都陆续外包出去，被最低价的竞标者抢走，不论是实体或虚拟的作业方式都是这样。或者，这些重复性质的工作却都已经自动化了。换句话说，今天所有人都面临一个发人深省的抉择。

与其原地踏步，努力成为更好的螺丝钉，不如把握良机，往不同的方向去闯。要开始努力成为轮栓人才，时机已经成熟，因为轮栓人才是日后高价值组织中至关重要的因素。

轮栓人才其实是一种新兴的现象。在过去，经济学家将世界分为两种阶级：

（1）资产阶级——拥有资金，能够投资建造工厂，并且雇人为他们工作。这个阶级的人自己拥有工厂，因此就拥有相当大的谈判筹码，自然就有威望。

（2）无产阶级——劳动阶级，终其一生都在尽力挑选最理想的工作机会。

然而在今天，任何人只要有电脑、能上网就可以拥有工厂。工作者自己就可以在网络上串联，任何有新构想的人都可以通过网络找到资金，让构想开花结果。第 3 种阶级的人正在兴起，他们不用听从他人的指示，也不去拥有大型企业。这些人能够创造价值，然后通过创意思考掌握其中的部分新创价值。他们具有各种必要的技术、制造与分配销售能力，能够从事他们自己的事业。这些人就是社会的轮栓人才。

关键思维

我们所想要、需要、必须拥有的是不可或缺的人才。我们需要有原创想法、能激发他人的人，以及真心关怀别人的人。我们需要有领导力的营销人、能冒险去建立人脉的业务员，还有在必要时愿意引咎辞职的热忱改革者。每个组织都需要一位轮栓人才，这样的人能够维系一切，有所作为。有些组织尚未了解到这一点，或者还无法清楚阐释这一点，然而我们确实需要艺术家。艺术家具备天分，能够找到新的答案、新的联系，或者做出成果的新方法。

——赛斯·高汀

二　如何成为轮栓人才

成为轮栓人才并非一蹴而就，这是一项可以随时间不断进步的技能。要成长为轮栓人才，可以朝下列几个方向努力：

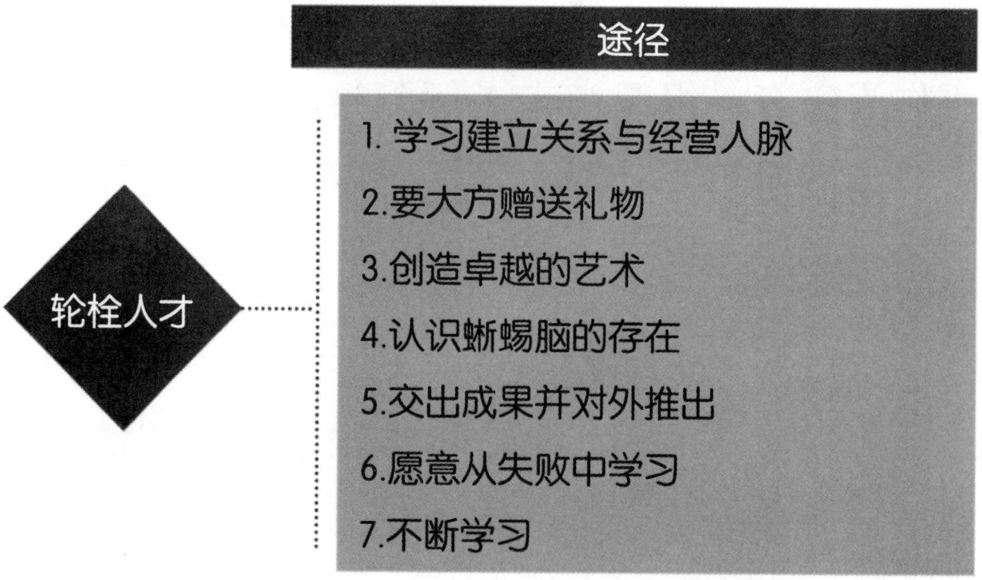

1. 学习建立关系与经营人脉

独善其身无法成为轮栓人才。要成为轮栓人才，必须以有意义的方式和他人建立关系。你的构想需要有人倾听才会更具影响力。幸运的是，网络非常善于强化能引起共鸣的构想，并且有助于构想的传播。如果你能构思出扎实且新颖的原创想法，你的前景将会一片大好。

有个知名例子是弗兰克·伊莱亚森，他是美国有线电视公司 Comcast Cable 的网络代言人。他注意到顾客对 Comcast Cable 感到不满，并且用推特来发泄他们的不满，因此他也用推特去回应。网友们很惊讶真的有人在听（而且是用真名），所以他们很快就改变了态度。原本他们对于 Comcast Cable 的服务（或者没有服务可言）感到不满，后来反而变成狂热支持者。这显示了真诚关系的重要性，而轮栓人才天生就懂得这点，而且会善加利用。

要成为轮栓人才，你必须四处建立实在而真诚的关系。这表示你应该丢掉公司教给你的说话技巧，那绝对不会有用，你反而必须准备告诉别人毫无掩饰的事实。最善于建立关系的人都是开诚布公的，这也是使用字斟句酌说话技巧的电话营销转换率那么糟糕的原因。要成为轮栓人才，你必须思考清楚，然后把你的想法传递给他人。你必须进入双向的对话，并且要让人觉得值得认识。

人们买的东西几乎都不会是非买不可的。人们在买的反而有一部分是你们所建立的关系。你所提供的产品以及服务只是你们关系的延伸或化身。有意成为轮栓人才的人了解这点，并且会营造出真正能促成交换价值的环境。要让消费者更喜欢你的商品，你必须更喜欢他们个人，并且将这样的感觉投射出去。这个观念可以说是所有人际关系的核心。

关键思维

建立关系必须靠活力与真诚，仅靠说话技巧是无用的。在组织中，累积、建立与培养人际关系的角色是不可或缺的。这不是要你把资料记录到资料库中，而是要以虔诚的心去维系人际关系。在这种文化中居于核心位置的人，其回忆、关系与经验，不仅难以衡量，也难以取代。不是每个担任这项工作的人都是如此，只有担任这项工作、并扮演轮栓角色的人才无法真正被取代。

——赛斯·高汀

2. 要大方赠送礼物

轮栓人才是靠赠送很多礼物赚钱的，这和常理恰恰相反。这并不是基于互惠，要让接受方觉得自己应该因为接受礼物而有所付出。相对地，轮栓人才会大量赠送礼物，借此建立起一群欣赏他们商品的人，而这样的远见一定可以在未来带来更多商机。

赠送礼物的观念与资本主义的核心假定确实相互冲突，但是在今日，送礼有着让人难以置信的强大力量，原因有下面 3 个：

（1）网络使得赠送数码礼物非常具有成本效

益——相较于实体礼物，艺术家更送得起大量数码礼物，因为每一次小小慷慨行动的成本都非常低廉，通常几乎为零。

（2）当你赠送礼物时，你会专心让自己全力去发挥——你不会去想：在这种情况下，我得下多少工夫才能证明我值得自己开的价钱？当你赠送礼物时，你就会展露自己最佳的表现。

（3）礼物送得越多，你的观众群（或部族）就变得越大，也就越容易产生影响力——轮栓人才从不会单打独斗，而是会善用其他轮栓人才的支援。

赠送礼物之所以有效有很多原因。其中一个原因是，这表示你有更多东西可分享。如果有位企业教练写了一本200页的电子书，书中充满了效果绝佳的诀窍，收到这本书的企业经理人会想："天呐！如果这个人能够免费送出这些宝贵信息，他一定还有很多商业智慧没有展现出来，我们最好找他咨询一下。"

礼物还可以帮你建立“部族”——也就是你的朋友圈、你认识的人、同事、顾客等人脉，最好还有你的狂热支持者，他们很熟悉、也很欣赏你从事的事情。你的部族变得越大，你可以触及的层面就越广，未来也就会有越多的商机。网络可以让更多的人接触你提供的事物，因此会不断改变你的部族的本质。

下面以画家莫奈为例说明这个观念的实际操作方式。莫奈经常将画作赠送给亲朋好友（第 1 圈），有时也会卖一两幅给出高价的艺术收藏者（第 2 圈）。在莫奈过世后（也就表示将来不会再有莫奈创作的作品），他的画作便被出售和转售给收藏者，他们有可能是想要自己拥有，也可能是看出将来有更多赚钱机会。

网络又创造出新的一圈（第 3 圈），部族——也就是你的追随者或支持者，他们注意到你的表现，喜欢你生产出来的东西。部族里的成员最后有可能成为朋友，也可能会愿意购买以你的创作

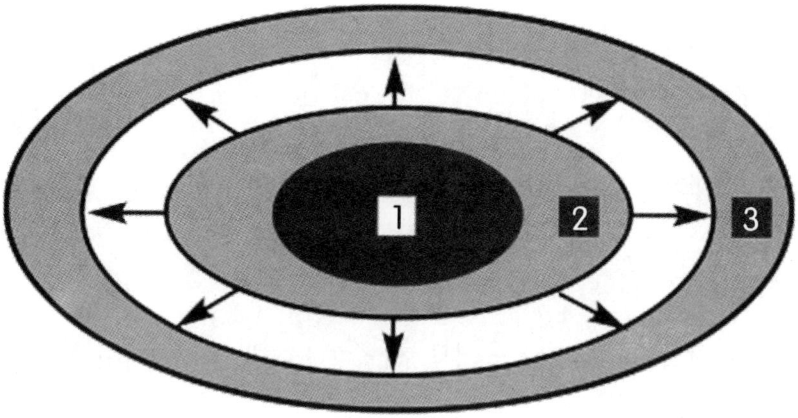

制成的纪念品、付费到现场听你演讲，或者请你担任他们的顾问。

奇怪的是，当你通过赠送礼物将第 1 圈与第 3 圈尽量扩大时，第 2 圈通常会自然发展。轮栓人才很了解这种态势，并且会找出创意方式送出更多礼物，并且好好善用这种态势。

关键思维

托马斯·霍克是世界上最成功的数码摄影师，他已经拍摄了数万张照片，朝着他这一生要拍 100 万张照片的目标迈进。霍克崛起的重要意义在于他的照片是用“创意公用授权条款”授权，可免费与任何人分享，个人使用不须经过许可。托马斯是一名艺术家，也是一位赠与者。结果他引领了一个群体获得很多有酬的工作机会，而且他的才华也让他声名远播。简而言之，他是无可取代的。

——赛斯·高汀

这一圈是新兴的，非常广大而且很重要，因为它能让你扩大第 2 圈，并获得更多利益，也因为它能让你影响更多人，并改善他们的生活。第 3 圈永远改变了所有艺术家的创作。这表示你能够以前所未有的速度和低廉成本与更多人分享你的天赋。当你着重于经营第 2 圈，并想办法经常向别人收费时，你的作品就会蒙受其害。尽可能扩大第 1 圈和第 3 圈反而是我们获益最大的时候。慷慨能创造收入，不论你卖的是画作、创新，还是服务，都是如此。

——赛斯·高汀

3. 创造卓越的艺术

轮栓人才之所以能脱颖而出，是因为他们成就了卓越的艺术。这不是说你必须去作画、写作或表演才能成为轮栓人才，而是说轮栓人才会在他们的工作中注入情感的元素，因此让他们与众不同、卓尔不凡。

机器无法创造艺术，只有人类可以。艺术必须要有原创性与开创性才会令人瞩目，否则你就只是在复制别人做过的东西。艺术是艺术家付出情感而成的结果，艺术一定是前卫、不经矫饰的，不会经过精美包装和推销。设计绝佳的产品是艺术，募集资金、发展更理想的经营模式、管理人力以及与顾客互动也都是艺术。

当然，不可能创造出人人都欣赏的艺术。一个人眼中的艺术在其他人看来可能会非常浪费时间与组织资源。艺术绝不会是平庸或大众市场导向，但绝对会着重于让你的服务对象感到满意。

轮栓人才会将他们所做的事情提升到极高的境界，使其成为一门艺术，使接受者永远改变。企业的轮栓人才不会依照老板给的工作复核表，而是会想出新方法，随时和顾客建立情感联系。对许多一心只想获利的人来说，这样定义艺术是很难理解的，因为这种艺术无法量化。你没办法把这种东西放入试算表，像公司其他资源一样用试算表管理。

艺术是你全心全意做的事，而不是有人花钱请你做的事情。轮栓人才会成为其工作流程中不可或缺的一部分，少了他们，一切都会乱成一团。轮栓人才可以说是无可取代的，因为他们会努力改善一切。他们对自己所做的事情非常关心，因此会在他们的工作成果中注入强烈的个人风格。

关键思维

艺术不单是指绘画。艺术泛指一切有创意、

有热忱，以及有人性特质的事物。卓越的艺术能引起观赏者的共鸣，而不是只有创作者孤芳自赏。艺术家会运用勇气、洞察力、创意与胆识挑战现状，而且他们会以挑战现状为己任。专门给企业找茬的作家汤姆·彼得斯就是一位艺术家，虽然他的读者就只是商界人士。他会采取鲜明立场，在作品中注入个人特色，而且不在乎他人认同与否，这使他成为不折不扣的艺术家。他的艺术和他个人是密不可分的，而且他觉得非向你分享他的艺术不可，因为那很重要，而不是因为他希望你付钱。而且我认为，当一名优秀的客服人员通过对话让不满的顾客变成狂热支持者时，那就是艺术。艺术是一种能让接受者改变的个性化礼物。当你改变越多人，且让他们改变的程度越大时，你的艺术就越有影响力。

——赛斯·高汀

不论你做什么事，都可以当艺术家，至少会到某一种程度。这样的艺术不是随手可得，不会每次都一样，也无法为每个人都做到这种程度。但是如果你愿意克制自私的冲动，就能送礼物给你的老板、同事或路人，而这份礼物对你而言，与受赠者一样有意义。

——赛斯·高汀

最重要的就是要做了不起的事情。要小心不要只在同质的小圈子里打转。这大概是当你想要突破与创造原创成果的时候最难做到的事。很多事都是渐进的，一不小心就会只顾电脑狂这个小圈子的想法。这样也可以产生许多宝贵的事业，但是我认为很多人往往都在里面空转，我自己以前也曾经陷入其中。当我构思的东西不是很成功的时候，我就会想：“回归到根本，我到底想要什么？我想在这世上看到什么？”然后就去创造它。

——埃文·威廉姆斯

Blogger 与 Twitter 创办人

当我遇到不会用电脑的作家、不习惯用

LexisNexis 法学数据库的律师，或者需要公司信息人员教他怎么用电子邮件系统的主管时，我总会大感意外。如果你是个不懂得用网络工具来发挥个人技能的营销人，你就只能被公司的电脑系统绑住。公司不应该拥有这样的权力。世界让你能够掌握生产的工具，不去熟悉这些工具简直是一种罪。

——赛斯·高汀

4. 认识蜥蜴脑的存在

人类大脑中有一个部位，研究人员将其称为“蜥蜴脑”。它控制与调节所有正常生活的功能，你不必刻意想说要呼吸，因为蜥蜴脑自动处理了。它也会告诉你的心脏要跳动，以及维持其他所有正常的身体机能。

同样，现代社会中有一大部分已经被专门制造成供大机器用的可替代螺丝，而非鼓励人成为轮栓人才。很多企业都设定成“工厂”，也就是员工听从指示、领取薪水，然后花费薪水购买其他工厂大量生产的东西。各式各样的工厂成为经济的骨干，已经超过了一个世纪。

我们今天生活在消费文化中，整个环境告诉大家，拥有的东西越多，他人给予的社会认同就越高。因此，大家都渴望获得高薪的工作，并非因为这样能对社会有所贡献，而是因为这样能赚很多钱、买非常多好东西。这点令人非常遗憾，因为这表示你还在上学的时候，学校就教会你成为一名如下所述的工厂员工：

◎ 合群，听从指示。

◎ 总是铅笔削得尖尖的，笔记做得漂漂亮亮。

◎ 天天上班，等着午餐。

◎ 不问问题，绝不向权威者挑战。

◎ 在时限内完成工作，会死记硬背来应付考试。

在学校书念得好，并不必然表示工作就做得好。事实上，学校里教的东西大多与现实世界完全不相干。学校真正该教的是以下两件事情：

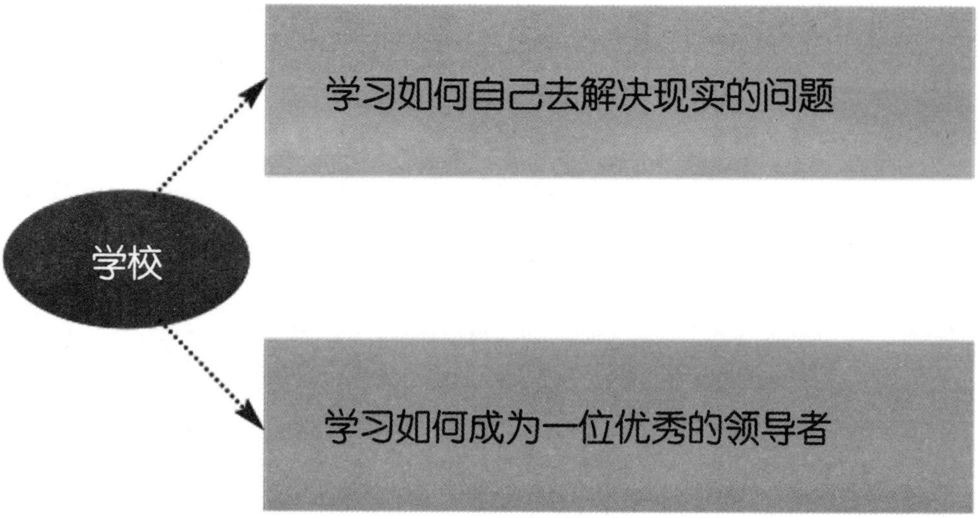

（1）学习如何自己去解决现实的问题——比如“接下来最重要的要任务是什么”这样的问题，而不是像“1812 年战争发生在何时、何地”这种典型学校模拟考试的题目。在时时互联的世界里，鼠标点一下就有维基百科可以查，硬背事实与数字已经不是什么了不起的事，能够做有创意又有趣的新事物才了不起。

（2）学习如何成为一位优秀的领导者——因为领导力是一项技能，也是一门艺术，而不是一种天分。学校不应该一再教育学生要服从，应该教的是社会历练、如何建立良好人脉，以及怎样建立部族等。

要成为轮栓人才，你必须认识到蜥蜴脑总是潜伏在背后。社会已经被设定成要不断大量生产螺丝钉，一定要避免落入陷阱，别让自己成为其中一个，而且还要准备好成就卓越的艺术。从某方面来说，这是要你重拾自己在进入学校前就擅长的事情。几乎每个4岁的孩子都是很棒的艺术家，一定要重拾那份才华。

5. 交出成果并对外推出

史蒂夫·乔布斯经历过一个很有名的事件，他和一位不愿公开设计程序代码的工程师起了冲突，他说："真正的艺术家知道要交出成果。"要成为轮栓人才，你必须把你的成果交出去，希望能造成影响。把精彩成果私藏起来是无法成为轮栓人才的。要建立理想的情感联系，唯一方法就是设计解决方案，然后赶紧推出。

交出成果，是你的成果与外界之间最重要的关联。如果你能让外界相信自己永远会准时交出优质的成果，你绝对会变成无可取代。你可以去做3件事，让自己能一直准时交出成果：

（1）及早开始寻求回应意见——而不是到了已经要交出成果时才做。大多数人都会等到最后才去寻求意见，但是轮栓人才知道，要尽早让众人参与，才容易做出改变。然后，当项目接近完成时，要严格限定可以对形成的成果发表意见的人数。

（2）站出来承担准时交出成果的责任——并且将所有力量集中在那个期限之内。不要接受群体决策，因为每个人都会拿共同责任当挡箭牌。为这个项目负责，成为最后拍板的人，然后与最终交出的结果成败与共。

（3）定义成功时要小心谨慎——因为这会是激励人交出成果的一大力量。简单来说，你是要讨好批评者，还是去成就艺术？你所采用的评估标准一定要符合实际需求，而不是社会影响力强加在你身上的。

要能够及时交出成果，你必须去对付抗拒。

要避免浪费大量时间的行为发生，例如漫无目的地上网好几个小时，结果学些没用的东西，此外，还要克服许多会造成影响的想法：

◎ 在交出成果前就一定要做到完美。

◎ 如果我们准时交出成果，将来会不会有更高的要求？

◎ 别人会取笑我们做出来的东西。

◎ 我们没有足够的资源去做广告，何必这么麻烦？

◎ 我们的项目会显示出自身技能不足。

◎ 并非人人都喜欢我们做的事情或者支援我们。

◎ 我们仍需搜集更多资料。

◎ 我们明天会比较有动力，所以暂缓吧。

关键思维

创意就是一种生产的本能。

——布鲁斯·阿里欧，诗人

如果你希望在时限和预算内做出东西，就只需要一直做到没有时间和金钱为止。然后就要交出成果，不要有任何拖延、借口或抗拒的空间。在交出成果的那一天，一切就结束了。

——赛斯·高汀

当你决定要走创造艺术的路，不论是哪种艺术，都要了解这条路既不短、也不容易。也就是说，你必须判断这条路值不值得去走，如果不值得，就要有更大的梦想。

——赛斯·高汀

6. 愿意从失败中学习

如果你想成为轮栓人才，且第一次尝试并不如想象中顺利，那么就要打起精神。人人都要经历相同的历练，你不会永远都获胜，但是偶尔失败并不表示你就是输家。那只表示你可能要退一步，另寻不同的领域去创造艺术。

无法用自己所长去赚钱的情况可以说少之又少，你很可能只需要想出更可行的好办法，专注于找出适当的方式，提供更多东西给适当的对象。最终，你所做的一切会受到重视，而你的努力将会有所收获。

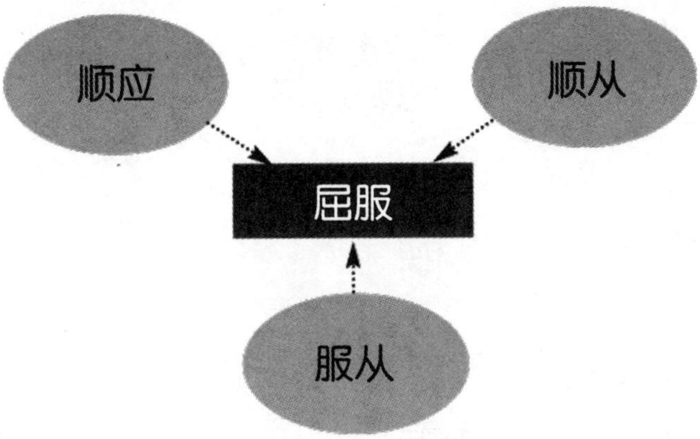

如果你一发现有麻烦的迹象就屈服，你的人生与事业将会充满顺应、顺从与服从。如果你全心投入你的艺术，并且不断努力，最后一定会找到方法让自己成为所在领域的轮栓人才。你会找到合适的机遇，让你因为做自己擅长的事而赚取收入，并最终致富。这会落在你的人性、尊严与慷慨的交会处。

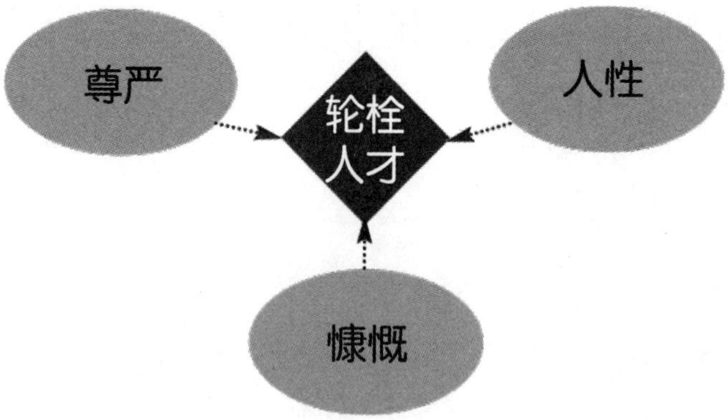

关键思维

万一对话没产生、产品没销路、顾客不满意、老板不高兴、成员没动力，要怎么办？创造更多艺术是唯一的选择，不是吗？赠送更多礼物，从你所做的事情中学习经验，然后再多加尝试。唯一的替代方案就是放弃，然后成为传统的螺丝钉，而这也就代表了失败。尝试然后失败，会胜过仅是失败，因为尝试会让你成为艺术家，让你有权继续尝试。

——赛斯·高汀

一旦你开始专注于你的艺术，而不去想钱的问题，你将会发现，这样的专注会变成你真正突破与赚钱的秘诀。

——赛斯·高汀

7. 不断学习

要成为轮栓人才，你必须为自己的前途铺路，没有什么放之四海而皆准的地图，可以保证让你到达目的地。事实上，如果你依照其他人说的去做，往往就会走错路。你必须自己找出达成目标的路，才能够成为轮栓人才。

这表示你绝不能停止学习，你必须想清楚有哪些路可以走，然后做出决定。看清前方的路向来是件极具挑战性的事情，因为会有很多背后的干扰和让人分心的事情，但是你必须坚持下去。有时候，你必须有足够的智慧，了解一个项目是否气数已尽，然后继续向前迈进。而有时候，你必须在其他人都被吓跑的时候有充分的勇气坚持下去。

如果你可以下决心不断学习，并且寻找能做出实质成果的工作计划，那么不放弃目前的工作也可以立志成为轮栓人才。照章行事，或者按照他人写的脚本去做无法成为轮栓人才。相对地，你必须想办法为自己公司所进行的每一笔交易注入更多人性与温暖。只有为自己设下发展目标，并学习如何达成目标，才有办法成为轮栓人才。

道理很简单，轮栓人才是后天培养的，而非天生的。这取决于个人的决心，而不是能否获得资金、有无合适的背景与人脉等传统的重要因素。你必须下决心成为轮栓人才，然后去学习如何做到。你必须根据自己的独特情况与人格特质，去了解该如何创造艺术、赠送礼物，以及建立人脉。

关键思维

要成为无可取代，没有什么事情是容易的，如果容易，那早就有人做到了，也就不再有价值了。

——赛斯·高汀

如果年轻人的第一份事业流产了，他们会意志消沉。当一个年轻的商人失败时，别人会说他前途无望。如果一个最优秀的人才就读于任何一所大学，一年后未能在波士顿或者纽约市内或郊区谋得一职，他的朋友和他自己好像就会觉得，他理所当然应该感到灰心丧气，而且一辈子愤愤不平。一个来自新罕布什尔或佛蒙特州的健壮小伙子做过各种行业，而在几年下来，当过搬运工、种过田、做过小贩、管理过学校、布过道、编过报纸、选过议员、买下过一座城镇等，而且总是可以安然脱险，那他的价值就比那些在都市娇生惯养的人要高出数百倍。他会随着人生而不断成长，不会因为没有“念过哪一科”而觉得丢脸，因为他没有蹉跎度日，而是活在当下。他所拥有的不是一个机会，而是上百个机会。

——拉尔夫·沃尔多·爱默生

美国文学家

轮栓人才不需要权威，那不是必要的。权威

只有在工厂才重要，在你的世界则并不重要。真正的改变很少来自走在前面的领导者，而是来自中间甚至后方。只有当有人站出来采取看来有风险的行动时，才会发生真正的改变。人会追随是因为他们想这么做，而不是因为你可以命令他们这么做。

——赛斯·高汀

三　轮栓人才擅长的事

简单来说，轮栓人才之所以无可取代，是因为他们对公司有着至关重要的贡献。他们会勾勒出蓝图，然后付出必要的情感，让大家去应用蓝图。换句话说，轮栓人才能够脱颖而出是因为具备了下列关键能力：

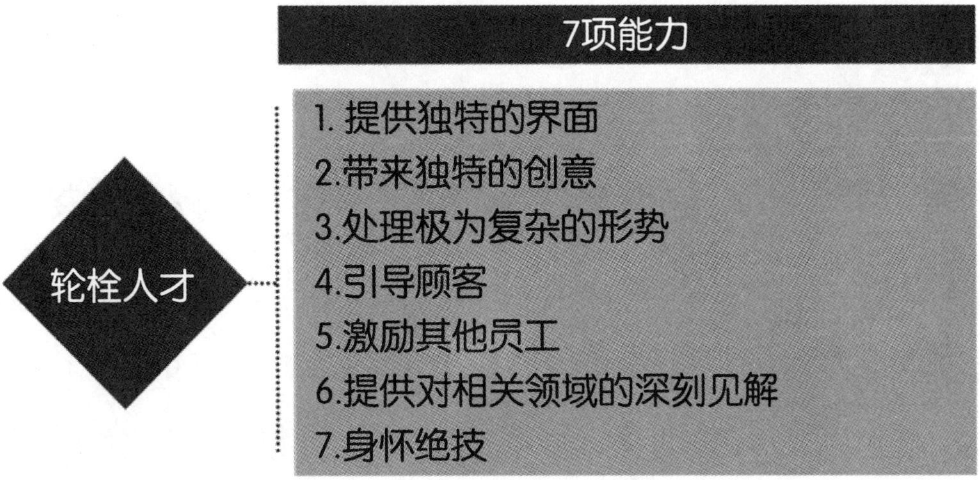

1. 提供独特的界面

轮栓人才掌握了让组织凝聚的网络。每个

卓越组织都有一种使命感，要去做重要且有价值的事情。卓越组织会有所成就绝不会是意外。轮栓人才会带领组织往正确的方向前进，让成员的心紧紧相连，并且在行动当中倾注强烈的情感。

实际上，优秀的轮栓人才会为外界与公司搭起桥梁，并运用他们在组织的地位去建立关系。这是只有人类能够做到的事情，轮栓人才也因此绝对不会被某种科技取代。

关键思维

研究助理负责做上级交代的事，而科学家则负责想出下一步该做的事。科学家绝对不会认为一切都已经想出来而且已经有定论了。他们很清楚永远都会有别的论点或难解的谜团，也就是说，地图绝对不会是完整的。率先为人类基因解码的克雷格·文特尔从来不会等别人告诉他下一步该做什么。想出下一步该做什么正是这位轮栓人才所做的贡献。

——赛斯·高汀

2. 带来独特的创意

轮栓人才会以意想不到的方式做完全原创的事情，最终创造出价值。一方面是因为对相关领域的了解，另一方面是因为轮栓人才愿意做出贡献。轮栓人才会带来独特的解决方案，以满足顾客需求。这些解决方案的用处与价值都一定会超过任何人的合理期待。轮栓人才有本领，会去做一般工作者望而却步的事情。

关键思维

想要获得你所应得的一切，唯一的方式就是脱颖而出、付出情感、被视为无可取代，以及营造组织与成员相互关心的深入互动环境。

——赛斯·高汀

3. 处理极为复杂的形势

当眼前形势极为复杂，说明书或公司自己的运营手册上都没有教该怎么做的时候，轮栓人才就会真正脱颖而出。他们一点都不担心，因为真正的轮栓人才会自己绘制出前进的地图。

关键思维

没有地图这回事，没有成为领导者的地图，没有成为艺术家的地图。你必须深思这个事实：艺术（写作、吸引部族、领导、各种各样的事物）之所以珍贵，是因为我无法告诉你该如何做到。假如真的有地图，就不会是艺术了，因为艺术是一种不靠地图航行的行为。

——赛斯·高汀

4. 引导顾客

几乎所有消费市场都会产生市场细分的现象，这使得顾客比以往更重视产品的引导性。我们都在追寻有所成就的人来跟随，而轮栓人才就非常符合这个标准。商业界曾经是静态的。企业制造产品，然后建立团队对外推销这些商品。这样的日子已经过去了，今天的市场是互动的，而且更为分散。营销有赖于引导性，这就是为何轮栓人才如此重要。轮栓人才可以帮助顾客想清楚该往哪里走，以及该如何到达。

关键思维

你必须变得无可取代才能在新经济中茁壮成长。要做到这点的最好方法就是成为一个卓越、有见解、成就创作艺术、会赠送礼物的带头领导者。最糟糕的就是去顺从，然后变成巨大体系中的一颗螺丝钉。

——赛斯·高汀

5. 激励其他员工

大多数组织如今都以团队去完成工作。团队

与工厂不同，工厂是由老板对领班下指示，领班再把指示转达给班长，班长负责管控员工每小时该做的事。工作的完成是由发薪水的那个人指示要做什么。现代企业不一样，要完成的工作有些不具体，而且经常说变就变。在这种比较模糊的情况下，有轮栓人才的参与是一件好事。轮栓人才的人生目标就是每天都要创造卓越的成果。他们会做出适当决策，确保一切顺利进行，而这正是你所想要的。团队中有的轮栓人才总是能够激励其他人去做好自己该做的事，而且还能让他们做得更好。

关键思维

每个成功的组织都是建立在成员基础之上的，他们是会成就艺术、与他人互动的人。这些人不只会管钱，还会互动、赠礼与建立关系。

——赛斯·高汀

6. 提供对相关领域的深刻见解

轮栓人才向来对他们的产业了如指掌，然而他们之所以与众不同，是因为除了对产业的了解，还会加上明智的决策以及大方馈赠的品性，这往往让他们成为开拓者与绘制地图的人。优秀的轮栓人才所扮演的角色犹如才华出众的导师，将情感与自信传递给组织中的其他成员。

关键思维

40 年前，理查德·布兰森（后来创办了维珍航空）被困在加勒比海的一个机场。他的班机刚刚停飞，而且是当天唯一的一班。年轻的布兰森不但没有因为这班重要飞机毁了他的一天、他的事业正面临危机而失控抓狂，反而走过机场，来到包机柜台，询问从波多黎各包下一班飞机的价钱。然后他借来了一个小黑板，在上面写下："到维京群岛，每个机位 39 美元。"随后回到登机门，卖机位给其他同行旅客，收入足以支付包机的成本，最终及时回到家里。不用说，此举为他数十年后创立的航空公司埋下了伏笔。你就应该雇用这种人。

——赛斯·高汀

7. 身怀绝技

轮栓人才能够以非常了不起的方式做好该做的事，你几乎觉得他们有超能力，这一点你没错。轮栓人才会提出远大且大胆的构想，并且激励大家挑战不可能完成的任务。他们在本行业是世界级的人才，并且每天都会让其他人的表现更上层楼。

要成为轮栓人才，你必须成为某种艺术家。艺术家向来会把一切重组，以最简单的方式来说，艺术家会输入平凡的元素，创造出非比寻常的原创成果。他们难以预料，而且无法归类，因为艺术永远无法精确地评估或预测。这就是为何消费者与投资人都喜欢艺术家，因为他们随时都在努力改善现状。

当一个乐队巡回演出的时候，每天都会努力让演出达到艺术的程度。如果乐队把巡回演出当作用同一套招数赚钱的机会，他们就从艺术家变成纪念品工厂的生产线。艺术绝对不是一种可以精确描述的过程。

要注意的是，成为轮栓人才不只是要与众不同。独树一帜的确有帮助而且至关重要，但是仅仅如此还不够。要真正成功变成轮栓人才，你必须做下列这些事：

◎ 付出情感，并营造出你的组织与成员喜闻乐见的互动。

◎ 发掘自己所有的天生直觉，并让它们尽情发挥，开花结果。

◎ 找出切实可行的方法，将你所做的一切变成一种艺术，即使是他人可能觉得枯燥的例行公事和标准的顾客互动。

◎ 学习如何领导，并成为值得追随的领导人。

◎ 养成随时馈赠绝佳礼物的习惯，尤其是赠送给无法回报的人。

◎ 不要想着去打造一张充满漂亮学历和家庭背景的简历，而要专注于为自己建立适当的人脉。

◎ 为你所做的每件事注入更多人性。

◎ 数字时代让人人都可取得和运用许多生产工具，要能熟练运用它们。

◎ 为你的组织冒险并打破窠臼。

◎ 提出有趣而发人深省的见解。

◎ 要求自己从实际的角度看世界，并活在现实中，而非活在你所希望的世界中。

◎ 为你所做的一切添加创意。

◎ 成为所有同事的意见领袖。

◎ 将你所做出的成果交出来，并在市场上推出，让大家分享和使用。

◎ 抛弃传统观念，以及你的蜥蜴脑叫你做的一切。

◎ 脱颖而出。

◎ 在你每天忙着自己的事情时，要设法触及并认识每位互动对象的人性一面。

◎ 持有改变世界的心。

◎ 变得完全无可取代。

关键思维

你要不就和大家一样，要不就与众不同，只能二选一。要不就维持现状，要不就挑战它。要不就采取守势并设法让一切保持“正常”，要不就起身领导并主动出击，为了让一切更好而努力。只求稍微比别人好的人是不会成功的。比平凡还平凡有可能成功，也已经有人成功。无可取代的轮栓人才有可能成功，而且这才是未来。而高不成低不就则是很恐怖的。

——赛斯·高汀

别把工业模式内化了，你不是大量生产的一次性用品，你是独一无二的个人，而如果你有话要说，就一吐为快，而且在你学着更妥善表达的同时，要觉得自己是有价值的。

——大卫·马梅，美国剧作家

成为轮栓人才是一个渐进的过程，要发展出个人特质并让你无可取代。你可以通过训练，让自己变得重要。第一步最困难，在这一步，你要承认这是一项技能，如同其他技能，并且这项技能是可以精进的。如果你每天都专注于轮栓人才的特点：礼物、艺术与关系，你就能一步步变得更无可取代。

——赛斯·高汀